生物质直燃发电技术

李德波　李定青　陈洪世　宋景慧

陈兆立　陈智豪　陈　健　｜编著

中国电力出版社

CHINA ELECTRIC POWER PRESS

内 容 提 要

本书基于生物质直燃发电技术的最新研究成果，主要内容包括生物质直燃发电技术概况、生物质 CFB 锅炉高温受热面沉积和腐蚀试验研究、生物质燃料长期堆放理化特性试验研究、生物质 CFB 锅炉冷态动力场试验研究、生物质 CFB 锅炉燃烧调整、生物质 CFB 锅炉低氮技术改造、生物质 CFB 锅炉供热改造技术和生物质 CFB 锅炉环保测量技术等。

本书可作为生物质直燃发电领域技术人员的参考用书，也可为相关专业管理人员提供参考资料。

图书在版编目（CIP）数据

生物质直燃发电技术 / 李德波等编著. —北京：中国电力出版社，2023.12
ISBN 978-7-5198-8252-5

Ⅰ. ①生… Ⅱ. ①李… Ⅲ. ①生物质–燃烧–发电 Ⅳ. ①TK62②TM6

中国国家版本馆 CIP 数据核字（2023）第 212361 号

出版发行：中国电力出版社
地　　址：北京市东城区北京站西街 19 号（邮政编码 100005）
网　　址：http://www.cepp.sgcc.com.cn
责任编辑：赵鸣志　马雪倩
责任校对：黄　蓓　于　维
装帧设计：赵丽媛
责任印制：吴　迪

印　　刷：三河市万龙印装有限公司
版　　次：2023 年 12 月第一版
印　　次：2023 年 12 月北京第一次印刷
开　　本：787 毫米×1092 毫米　16 开本
印　　张：9.25
字　　数：163 千字
印　　数：0001—1000 册
定　　价：68.00 元

随着能源转型的推进，2020 年我国清洁能源占能源消费总量的 23.4%，比 2012 年提高 8.9%，水电、风电、太阳能发电累计装机规模均位居世界首位。目前风力发电、太阳能发电由于稳定性和灵活性问题的限制，不能无限扩张。生物质能是目前唯一的可再生碳源，其能源总量超过风电、光伏和地热的总和，大力发展生物质发电对于可持续发展有重要的战略意义。在碳达峰、碳中和目标下，生物质的高效利用不仅有助于实现碳中和，结合碳捕集与封存技术（carbon capture storage，CCS），即 BECCS（bio-energy with carbon capture and storage），还可以实现负碳排放。

本书作者长期在科研和生产一线从事生物质直燃发电技术研究与产业化应用。本书基于作者团队在生物质直燃发电最新研究成果和现场经验，从生物质锅炉受热面腐蚀、生物质燃料特性、循环流化床（circulating fluidized bed，CFB）锅炉冷态动力场试验、CFB 锅炉燃烧调整、CFB 锅炉低氮技术改造、CFB 锅炉供热改造、CFB 锅炉环保测量等方面展开，系统总结生物质直燃发电的关键技术。同时，本书也引用了国内外专家学者在生物质直燃最新科研成果，得到了煤燃烧国家重点实验室、能源清洁利用国家重点实验室等大力支持和帮助，在此表示衷心的感谢。

本书可以为从事生物质直燃发电工作的科研和现场人员提供指导，同时可以为高等院校、科研院所提供一手的生物质直燃最新研究成果。本书的出版希望对推动我国生物质直燃发电的发展有积极的推进作用。

由于时间仓促，作者团队水平有限，书中难免有疏漏，希望大家批评指正。

编　者

2023 年 12 月

目录

1.1 生物质发电技术背景

气候问题越来越受到全球的关注，70 多个国家承诺到 2050 年实现净排放，并根据《巴黎协定》加强国际气候承诺。如何将这些政府和私营部门的承诺转化为行动至关重要，只有这样才能确保将全球变暖控制在 2℃ 以下。

随着能源转型的推进，2020 年我国清洁能源占能源消费总量 23.4%，比 2012 年提高 8.9%，水电、风电、太阳能发电累计装机规模均位居世界首位。目前风电和太阳能发电由于稳定性和灵活性问题限值，不能无限扩张。生物质能是目前唯一的可再生碳源，其能源总量超过风电、光伏和地热的总和，大力发展生物质发电对于可持续发展有重要的战略意义。在碳达峰、碳中和目标下，生物质的高效利用不仅有助于实现碳中和，结合 CCS 技术，即 BECCS 还可以实现负碳排放。同时，我国作为农业大国，生物质资源丰富，而生物质电厂向农民收购农林废弃物，也在一定程度上帮助了农民脱贫致富。

进入 21 世纪后，由于政策激励，生物质发电厂数量和装机容量逐年增加，我国生物质发电在新能源发电结构中占比约 10%，据国家能源局数据统计，2020 年生物质累计装机容量达到 2952 万 kW，同比增长 22.6%；2019 年生物质发电量达 1111 亿 kWh，同比增长 20.4%，预计到 2025 年将超过 3255 亿 kWh。

生物质指通过光合作用形成的各种有机体，包括动物、植物、微生物及其代谢物等，以化学能形式储存在生物质中的能量为生物质能。生物质能约占全球一次能源的十分之一，是仅次于煤炭、石油和天然气的第四大能源。生物质能是生物固碳实现绿色碳减排的载体，也是唯一可储存、可运输的可再生能源，对于实现我国"碳达峰"和"碳中和"的战略目标将发挥重要的作用。

生物质能的利用形式主要包括发电（含热电联产）、供热、燃气、液体燃料和固体成型燃料等。生物质发电技术包括生物质纯烧发电技术和耦合发电技术，其中生物质纯烧发电技术还可分为直接燃烧发电、气化发电和多联产发电。生物质发电技术有利于生物质大规模资源化利用，减少不当处置带来的生态环境危害，提升生物质能利用的品质。由于生物质直接燃烧技术对原料要求低、系统简单、投资和运行成本较低，我国生物质发电主要以直燃发电为主。

农林生物质直燃发电的核心装备是锅炉，主要采用循环流化床锅炉或者水冷振动炉排炉。循环流化床锅炉容量理论上不受限值，蒸汽参数高，发电机组整体效率高，炉膛内气-固两相流动具有极强的传热传质特性，特别适合处理不同尺寸、形状和热值的燃料，能够适应生物质燃料的复杂性和多变性；锅炉在低温条件下可以稳定燃烧，使得污染物的生成和排放更少。胡南[1]等进行了生物质直燃发电技术综述研究。

1.1.1 生物质直燃发电现状

（1）全球范围持续发展。全球生物质资源十分丰富，每年净生产量超过 1700 亿 t，储存的能量约占世界能源消耗量的 10 倍。生物质直燃发电技术在全球范围内有着广泛的应用，目前在丹麦、芬兰、瑞典、荷兰等欧洲国家，以农林生物质为燃料的发电厂有 300 多座；南亚国家在以稻壳、甘蔗渣等为原料的直燃发电方面也取得了一定的发展。

截至 2020 年底，全球生物质发电累计装机容量 1.27 亿 kW，约占全球发电量的 1.4%，主要分布在中国、巴西、美国、印度、德国和英国等国家。自 2010 年以来，生物质发电装机总量年平均增长 6.3%。目前，全国能源消费正持续向能源清洁化转变，由于生物质能具有可再生、可存储、可运输的特点，同时生物质发电具有大规模消纳农林生物质和废弃物的优势，因此生物质发电产业拥有持续发展的动力和广阔的发展前景。国际能源机构（IEA）预测到 2025 年，全球生物质发电累计装机容量将达到 1.93 亿 kW，发电量达到9218 亿 kWh。

（2）国内总量快速增长。2005 年 12 月，国内首个煤粉锅炉掺烧秸秆发电机组在华电国际电力股份有限公司十里泉发电厂投产。该项目引进丹麦秸秆燃烧技术，对 1 台 140MW煤粉锅炉燃烧器进行改造，增加一套秸秆储存、粉碎、输送系统。2006 年 12 月，山东菏泽单县生物发电厂 1×30MW 机组投产，该项目为第一个国家级生物质直燃发电示范项目，采用丹麦 BWE 公司的 130t/h 水冷振动高温高压炉排炉。"十三五"以来，我国生物质发电产业发展迅猛，年均增长率约 20.3%，处于产业化快速发展阶段。2020 年，我国生物质发电机组累计装机容量 2254 万 kW，其中农林生物质发电装机容量 973 万 kW，农林生物质发电项目年发电量 468 亿 kWh。在产业政策方面，国家对 2021 年 1 月 1 日前的农林生物质发电项目统一执行 0.75 元/kWh 的标杆上网电价。由于纯烧生物质发电机组在补贴电价计量和结算方面的优势，目前国内生物质发电以生物质纯烧发电为主。

（3）循环流化床锅炉燃农林生物质具有天然优势。欧洲针对生物质直燃技术开展的研究及应用较早，但是欧洲的生物质以木质为主，而我国生物质主要是农林生产过程中的废弃物，以玉米秸秆、稻壳为主，因此引进欧洲的水冷振动炉排生物质直燃技术在国内应用过程中存在锅炉效率低于设计值、氮氧化物排放高一级锅炉腐蚀爆管等技术问题。我国在建或者已投运的超临界循环流化床锅炉超过 40 台，目前世界上最大的循环流化床锅炉为我国自主研发制造的山西中煤平朔电厂 660MW 超超临界循环流化床锅炉。

循环流化床锅炉技术目前已经进入成熟发展期，适合于大规模利用生物质资源。2007 年 4 月，国内第一台生物质直燃循环流化床锅炉在中节能（宿迁）生物质能发电有限公司投运，该锅炉蒸发量为 75t/h，中温/中压。2008 年，黑龙江某公司在庆安投运了 2 台同参数的循环流化床咕噜。由于当时生物质循环流化床锅炉设计和运行经验匮乏，存在上料系统堵塞、锅炉腐蚀爆管、受热面沾污等一系列问题导致锅炉可靠性低。清华大学、浙江大学、中国科学院、哈尔滨工业大学等高校及科研院所不断提高设计和制造水平，生物质循环流化床锅炉技术日趋成熟。锅炉蒸气参数不断提高，从 75t/h 中温/中压、90t/h 高温/次高压、130t/h 高温/高压发展至 260t/h 高温/超高压再热锅炉，同时小容量高参数锅炉越来越受到市场的青睐，包括 75t/h 高温/高压、90t/h 高温/高压、120t/h 高温/超高压再热锅炉。

（4）循环流化床锅炉主要技术特点。

1）燃料适应性强。国内生物质燃料的热值、水分、灰分、形状和粒径等变化范围宽，采用水冷振动炉排，在燃料特性波动较大时会出现锅炉出力不足、燃烧效率下降等问题。循环流化床锅炉内含有大量的固体循环物料颗粒，其中绝大部分是惰性的循环灰颗粒和燃料灰渣，根据燃煤循环流化床锅炉的运行经验，床料中燃料仅占 1%～3%。循环流化床炉膛内气固两相流动具有极强的传热传质特性，大量高温固体颗粒可以使粒径较大、水分较高入炉燃料迅速升温至着火点以上，因而燃料适应范围更广，特别适合处理不同尺寸、形状和热值的燃料，能够适应生物质燃料的多变性和复杂性。

2）燃烧效率高。循环流化床锅炉燃烧效率高，一方面由于大部分循环床料中的燃料被分离器捕捉返回炉膛继续燃烧，提高了燃料在炉膛内的停留时间；另一方面，锅炉内床料和燃料在一次风流化和二次风的扰动作用下，传热、传质强度高，燃料与空气接触概率大，燃料的燃烧过程扩展到整个炉膛以及分离器内。典型燃用玉米秸秆的循环流化床锅炉效率为 90%～92%，而燃料玉米秸秆的水冷振动炉排效率为 87%～90%。

3）氮氧化物原始排放低。循环流化床锅炉炉膛内较强的传热传质能力，使得燃料在相对较低的温度条件下即可稳定高效地燃烧；生物质燃料挥发分含量高，着火点低，相比于燃煤锅炉燃烧温度可进一步降低，有效抑制热力型主蒸汽压力 NO_x 的生成。循环床料中的焦炭，在颗粒团和乳化相中形成良好的还原性条件，可以进一步降低燃料型主蒸汽压力 NO_x 的生成；通过严格控制炉膛温度和炉内过量空气系数，合理选择一次风、二次风比例以及增加物料循环量可以进一步增强循环流化床炉膛内燃烧反应的还原性气氛，降低主蒸汽压力 NO_x 的生成。目前，部分循环流化床生物质直燃锅炉可以将主蒸汽压力 NO_x 原始排放控制在 $100mg/m^3$ 以内，不需投运脱硝设备即可达到环保标准。

4）负荷调节范围宽。循环流化床锅炉内大量的高温固体颗粒使得新入炉的燃料更容易着火，尤其对于挥发分含量高、着火点较低的生物质燃料，即使在较低负荷的工况下，也不会出现熄火的现象，因此循环流化床锅炉的负荷调节范围更宽。

1.1.2 生物质循环流化床锅炉关键技术

早期循环流化床燃煤锅炉的结构对生物质燃料物理特性、燃烧特性和结渣沾污特性并不适应，锅炉运行周期通常仅为 5～10 天，对此，学者和工程技术人员在炉内气固流态化、氮氧化物排放控制、炉内防沾污腐蚀等方面进行了深入的理论研究与工程实践。

（1）气固流化特性。循环流化床锅炉炉膛内的气固流化特性决定燃料燃烧、受热面传热，进而决定锅炉出力及性能。生物质颗粒或者碎片通常具有较大的尺寸、较小的密度、较宽的粒径分布以及不规则的形状；同时，生物质燃料水分和挥发分均较高，在炉膛内受热干燥及脱挥发分过程中迅速变形，因此，生物质的流化特性相比于煤有很大的差异。

基于生物质颗粒的特殊流化特性，在生物质循环流化床锅炉运行过程中需要在炉内添加另一种固体颗粒，一般是某种惰性介质，如河沙、炉渣等，以促进生物质颗粒的流化和燃烧。

传统循环流化床锅炉在燃用劣质煤和低成本污染物控制方面具有一定的优势,但是在早期实践中存在厂用电率高和可用率低的问题。相比煤粉锅炉,循环流化床锅炉需要更高的一次风压以实现床料流化和物料循环,因此厂用电比同容量煤粉炉高 2%～3%。清华大学基于对循环流化床锅炉气固流态化和反应过程的深入探索,提出了"定态设计"理论(根据循环床流化速度来设计流化床),归纳总结了循环流化床锅炉流态图谱。在此基础上提出"流态重构"理论,可以减少密相区无效床料的存量,保证了参与循环的有效床料存量,从而增强了水冷壁换热,降低了床层压力,减轻了床料对水冷壁的磨损。实践证明,采用该技术的循环流化床锅炉机组厂用电率可以从 7%～8%降至 4%～5%,机组可用率大大提高。基于"流态重构"理论,针对生物质循环流化床锅炉 选取合适的炉膛惰性床料的粒度,通过优化分离器阻力,合理控制循环灰粒度和床压,可以有效减少锅炉密相区磨损、降低一次风机功耗、提高燃烧及换热效果。

(2)氮氧化物排放控制。研究表明[1],炉膛温度是影响循环流化床燃烧过程中主蒸汽压力 NO_x 生成的主要因素,为了实现对锅炉主蒸汽压力 NO_x 排放的控制,首先应严格控制炉膛燃烧温度不高于 900℃;影响主蒸汽压力 NO_x 生成及还原的另一个重要因素是氧化还原气氛,实验研究证明,流化床燃烧过程中主蒸汽压力 NO_x 的还原主要是与 CO 在焦炭表面发生。

通过优化炉内床料粒径,减少密相区大颗粒,增加循环灰颗粒,提升二次风比例和单股二次风穿透能力,可以改善炉膛内氧气分布的均匀性。由于一次风份额降低,密相区还原性气氛增强,同时二次风口的上移致使下部还原性气氛的空间增大,对主蒸汽压力 NO_x 的生成起到很好的抑制作用。通过深入挖掘循环流化床锅炉自身的污染控制能力,实现循环流化床污染控制能力的突破,这是循环流化床燃烧污染控制技术的新挑战。

(3)受热面积灰、腐蚀。沾污及腐蚀问题,一直以来是影响生物质能源化利用的关键问题之一,也是学者关注的焦点。生物质中钾元素和氯元素含量相对较高,是引起结渣、积灰及腐蚀的主要原因。生物质燃烧过程中,钾元素在高温区域容易以气态形式释放,进一步和烟气、飞灰及金属相互作用,形成复杂的盐覆盖在对流受热面上;碱性化合物还可能与硅的化合物生成易熔的共晶体,形成有黏性的灰层,促进积灰层的快速增长,在短时间内甚至可以将对流受热面的烟气走廊堵死。

学者[2]对于对流受热面积灰沾污问题进行了有针对性的研究。Wang[2]等发现锅炉管束错排时，随着烟气流速的降低，循环流化床锅炉受热面结渣沾污程度成正比减少。温度对碱金属的气态释放影响最为显著。受热面沾污分为高温灰沉积和低温灰沉积两种类型。低温灰沉积主要出现在温度可能低于酸露点或者水露点的管壁表面上，如锅炉省煤器、管式空气预热器；高温灰沉积主要发生在温度处于灰粒的变形温度下某一范围内的高温对流受热面上，由沉积的灰粒经过化学反应和积灰层烧结面形成，如锅炉低温过热器。

针对生物质结渣、沾污问题，国内外学者对添加剂、共燃、化学预处理、涂层进行了大量研究，通过改变生物质利用过程中含钾氯化物和硫酸盐的生成和转化过程以达到抗结渣的效果；但是，针对燃料的处理办法成本相对较高，从锅炉本身的优化设计方面着手是更加可行的解决路径。运行实践证明，锅炉低温过热器、省煤器采用顺列大间距布置，以降低烟气流速，缓解沾污；空气预热器卧式顺列小管箱布置，可以有效降低积灰沾污带来的危害。

气态 HCL 以及积灰中的熔融态 KCl 均是引起积灰腐蚀问题的主要物质，对金属管道造成严重腐蚀，甚至引起泄漏或者爆管。Mvller[3]等提出提高生物质流化床燃烧炉的温度会明显加快生物质灰的结渣速度以及加剧结渣的严重程度，因此合理控制炉内温度可以有效防止生物质锅炉沾污腐蚀问题。

刘志[4]等通过试验研究发现，管束迎风面的积灰倾向弱于背风面，这是因为烟气对迎风面的冲刷作用强于其携带灰颗粒的撞击作用，不利于灰颗粒的沉积和腐蚀，基于这一特性，控制受热面腐蚀可以充分利用循环流化床炉膛中存在高浓度物料的特点，处于炉膛中的受热面始终受热循环物料的不断冲刷，能够有效抑制了炉内沾污问题。因而将壁温较高的受热面布置在炉膛，可以有效缓解高温受热面的结垢腐蚀问题，这是循环流化床燃烧生物质所具有的独特优势。

1.1.3 面临问题及挑战

（1）农林生物质发电成本高。在我国垃圾发电发展现状好于农林生物质发电。垃圾发电除享受上网电价补贴外，还享受地方政府支付的垃圾处理费，因此经济效益较好，近年来增长很快，总量高于农林生物发电。农林生物质发电在发电成本方面明显劣势，主要有以下几个方面：

1）燃料成本高。生物质电厂与燃煤电厂不同，秸秆燃料产自附近耕地，来源分散；秸秆能量密度低，运输成本高，通常经济运输半径仅为 100km 左右；按照秸秆散料的市场价格，单位热值成本高于煤炭。目前部分电厂自购秸秆收割打包设备，直接从耕地收割、打包、运输秸秆，解决了农民收割问题。

2）单机规模小，投资、运行成本高。绝大部分农林生物质直燃电厂单机规模在 100MW 以下，远低于大型燃煤电站，单位发电功率投资成本高。目前新建的生物质发电厂普遍采用高压和超高压参数，部分机组带有一次再热循环，发电效率与中温/中压相比得到提高，但是相比大型燃煤电站，依然很低：厂用电率一般在 10% 以上，供电效率低于 30%。2019 年，全国 6000kW 及以上火电厂供电标准煤耗 306.4g/kWh，先进的 1000MW 二次再热机组供电煤耗已经低至 260g/kWh 以下，但是常规高压参数的生物质发电机组供电煤耗达到 400g/kWh 以上，远高于燃煤发电机组。

3）锅炉可用率相对较低。在国内科研单位和锅炉制造企业的共同努力下，使得纯燃生物质锅炉容量、参数和可用率得到明显改善，但是生物质燃料的特殊性导致锅炉可用率仍然低于燃煤机组。

（2）政府补贴退坡。由于生物质燃料成本高，且可再生能源电价补贴及政府增值税返还政策造成应收账款数额高，返还时间存在不确定性，因此生物质发电项目普遍存在较大的现金流压力。2020 年 9 月，中华人民共和国财政部、中华人民共和国国家发展和改革委员会、国家能源局联合发布了《完善生物质发电项目建设运行的实施方案》，规定自 2021 年 1 月 1 日起，规划内已核准未开工、新核准的生物质法发电项目全部通过竞争方式配置并确定上网电价；新纳入补贴范围的项目补贴资金由中央地方共同承担，分地区合理确定分担比例，中央分担部分逐年调整并有序退出。同月，三部委发布了《关于〈促进非水可再生能源发电健康发展的若干意见〉有关事项的补充通知》，通知明确农林生物质发电全生命周期利用小时数为 82500h，补贴电量在此基础上进行计算。上述文件表明国家层面对生物质发电项目的补贴已经开启启动逐步退出机制，在市场经济条件下，优胜劣汰，任何产业都不可能通过长期的政府补贴来维持生态。

（3）企业管控水平有待提高。目前生物质发电企业以民营企业居多，相比大型火力发电企业，生物质发电企业在机组运行管控水平方面经验和水平不足。锅炉运行过程中，效率低、污染物排放高甚至很多运行事故是由于运行操作不当造成的。运行操作不当，反映了在运行经验管控方面的薄弱环节。

张东旺[5]等机械了国内外生物质能源发电技术应用进展的研究。生物质能源是可再生清洁能源，对节能减排具有重要意义。生物质发电不仅能实现"碳中和"，在我国实现"碳达峰"后还可替代部分煤电，成为电网调峰的重要力量。分析了生物质燃烧特性，分别介绍了国内外纯燃生物质发电、生物质与煤混烧发电和生物质气化耦合燃煤锅炉的应用现状，指出生物质纯燃发电项目容量小，发电效率不高且易出现积灰和氯腐蚀的问题，机组可用率偏低；生物质与煤混烧技术可以利用现有大容量发电机组，需要的额外投资小，具有较高的灵活性，可有效提高生物质利用效率，避免纯燃带来的一系列问题。

生物质发电不仅能实现碳中和，生物质加碳捕和封存（BECCS）还可实现负碳排放，更重要的是，在我国实现"碳达峰"后，生物质发电可替代部分煤电，成为电网调峰的重要力量。目前生物质与煤混烧发电项目的建设和运营还需要上网电价的政策支持。

杨卧龙[6]等进行了燃煤电站生物质直接耦合燃烧发电技术研究。燃煤耦合生物质发电被普遍认为是一种最为经济、有效、易实施的火力发电厂碳减排方式之一，在欧美国家得到广泛应用。研究者详细介绍了燃煤耦合生物质发电的技术路线，重点介绍了直接耦合燃烧发电的国内外研究现状以及工程经验。研究结果表明：直接耦合燃烧发电具有简单、高效、成本低的特点，是国外的主流应用技术，但是可能存在燃烧不完全、沉积与腐蚀、烟气处理设备性能下降等技术问题，选择合适的耦合比例、对燃料进行预处理是防范风险的关键措施。

绿色和低碳是全球能源发展的主要方向，我国也早在 2014 年提出能源清洁低碳发展的要求，并做出在 2030 年左右 CO_2 排放达到峰值的国际承诺。《能源生产和消费革命战略（2016—2030）》中明确提出"至 2030 年，非化石能源发电量占全部发电量的比重力争达到 50%"的目标，并在《"十三五"控制温室气体排放工作方案》规定，到 2020 年我国大型发电集团单位供电 CO_2 排放控制在 550g/kWh 以内。据中国电力企业联合会发布的《中国电力行业年度发展报告 2019》，2018 年我国非化石能源发电量占全口径发电量的比重为 30.9%，单位火电发电量 CO_2 排放约为 841g/kWh，距离能源清洁、低碳目标的实现尚有较大差距。

1.2 生物质锅炉超低排放

谭增强[7]等进行了生物质直燃发电大气污染物超低排放技术路线的研究，总结了生物质燃料与煤的元素含量的差异，分析了生物质锅炉积灰、结渣、腐蚀的机理，梳理了生物质锅炉的烟气特点，并对选择性非催化还原脱硝技术、选择性催化还原脱硝技术、湿法涂料技术在生物质电厂应用的局限性进行了分析。研究结果表明：固态高分子脱硝和催化剂脱硝脱硫均需要特殊催化剂或者脱硝剂，属于专利产品，运行成本高；氧化脱硝技术属于氧化吸收反应，产生易溶于水的硝酸盐，部分地区禁止采用该技术；陶瓷催化滤管一体化脱除技术运行维护简单，锅炉过氧燃烧可提高燃烧效率，延长空气预热器使用寿命，而且没有脱落废水、烟囱防腐、白色烟羽等相关问题，适用于生物质锅炉硫、尘、硝的超低排放。

生物质电厂超低排放技术对比：

（1）为了避免高温腐蚀，生物质锅炉炉膛温度场控制在 700～830℃ 之间，导致选择性非催化还原（selective non–catalytic reduction，SNCR）技术效率低，无法实现主蒸汽压力 NO_x 超低排放，而且大量还原剂逃逸到下游，腐蚀受热面、堵塞空气预热器、堵塞布袋等。另外，生物质锅炉烟气中的 K、Na 等碱金属、水分、HCl 含量较高，生物质灰熔点较低，催化剂容易堵塞、中毒。

（2）生物质锅炉的烟气成分复杂，石灰石–石膏湿法脱硫（wet flue gas desulfurization，WFGD）容易中毒导致无法稳定实现 SO_x 的超低排放，同时 WFGD 存在废水和烟羽治理问题，生物质电厂宜采用干法或者半干法脱硫技术实现 SO_x 的超低排放。

（3）PCNR 和 ZXY 脱硝均需要特殊催化剂或者脱硝剂、配方保密，增加后期运行成本的不确定性，还有待市场的进一步检验。COA 脱硝技术属于氧化吸收反应，产生易溶于水的硝酸盐，部分地区禁止使用该技术。

（4）低温选择性催化还原法（selective catalytic reduction，SCR）脱硝技术因需要外部热源对原烟气进行加热，对净烟气进行热量回收，因此设备系统较为复杂，初投资也相对较高。同时，低温催化剂对 H_2O 和 HCl、HF、SO_x 的抗性较差，生物质锅炉烟气的含水量较高（可以达到 15%～30%），烟气中含有 HCl、HF、SO_x，这也导致低尘 SCR 脱硝技术在生物质电厂受限。

（5）陶瓷催化滤管一体化超低排放技术的显著优势是缩短烟气净化流程、运行维护简单、锅炉过氧燃烧提高生物质燃烧效率、延长空气预热器使用寿命，而且没有脱硫废水、烟囱防腐、白色烟羽等相关问题。

1.3　生物质锅炉腐蚀和沾污技术研究

柯希玮[8]等进行了高参数生物质循环流化床锅炉技术研发的研究。发展生物质直燃循环流化床锅炉技术对促进我国能源转型和双碳目标的实现具有重要意义。将高温受热面布置在炉内，利用循环物料持续冲刷清洁受热面可以有效抑制沾污和腐蚀。对于尾部对流受热面积灰和沾污，可以采用顺列管束布置方式，以及大截距、小管径、低烟速和平行流设计来解决。除利用生物质夹带黏土缓解床料结焦外，通过提升物料循环系统性能改善包括燃料颗粒在内的流化质量，并辅以床温有效调控手段。

保持受热面表面清洁能够有效缓解腐蚀，继而可以提高蒸汽参数。考虑到 CFB 锅炉炉膛内含有大量固体颗粒，研究者提出了基于冲刷反制的生物质锅炉高温受热面防沾污腐蚀技术。一方面将高温过热器、高温再热器等高温受热面布置在主循环回路中，利用循环物料的持续冲刷，以"磨"抗"污"，保持高温受热面表面的清洁，从而降低受热面表面腐蚀速度。另一方面，有文献表明，循环灰对碱金属盐吸附的最佳温度窗口在 800～900℃，且以化学吸附为主，因此将炉膛温度设计在该温度窗口下，同时提高物料浓度，可以有效提升对烟气中碱金属的捕捉效率，减少高温受热面表面沾污并抑制腐蚀的发生。

1.4　生物质 CFB 锅炉尾部对流受热面沾污和腐蚀

大部分碱金属及其化合物随烟气流经锅炉尾部对流受热面时，随着换热冷却逐渐沉积在金属表面；另有少部分在飞灰颗粒表面冷凝后，再黏结到受热面上，此外，当受热面（主要是空气预热器）温度低于酸露点时，烟气中少量 SO_2 等物质可与碱金属反应生成黏性较强的硫酸盐沉积，使得灰分间结合更加紧密。

对流受热面上的沾污使得烟气流通面积减少，形成烟气走廊，严重时可将烟气通道全部堵死，而在低温段（如空气预热器）还有发生低温腐蚀的风险。烟气中少量 SO_3（SO_2 催化氧化或硫酸盐热分解产生）与水蒸气结合形成稀硫酸蒸气，在低于酸露点条件下可冷凝造成管壁腐蚀。因此，很多纯燃生物质锅炉在运行一段时间后就要被迫停炉清灰，甚至不得不更换受热面。

携带融黏颗粒的烟气在横向冲刷受热面过程中，烟气速度、灰浓度、颗粒粒度、来流方法等参数对沾污层生长速度、表面沾污层磨损减薄速度均有不同程度影响。特别是绕流表面曲率对沾污层发挥作用关键：曲率越大，越不容易沾污。在高温受限空间内，可借助管间绕流减缓含盐蒸气凝结后附着在颗粒表面形成的液桥力。通过采用顺利管束布置方式，以及大截距、小管径、平行流设计，同时控制烟气流速在 7.5～9.5m/s，可有效防止或者缓解生物质 CFB 锅炉对流受热面表面沾污和积灰。

1.5　CFB 锅炉污染物排放控制

对于生物质而言，其硫分通常较低，燃烧中释放的 SO_2 量本身较少，同时，其灰分组成中含有较多的 MgO、CaO 等碱土金属化合物，可与 SO_2 反应结合，使其具备已订购的自脱硫能力。工程实践表明，对于折算硫分小于 0.3g/MJ 的低硫生物质，自脱硫即可满足排放要求；而当生物质燃料含硫量较高时（折算硫分大于 0.3g/MJ），添加适量石灰石颗粒，通过炉内脱硫也可将烟气中的 SO_2 排放浓度控制在要求范围内，并减少尾部低温受热面的沾污和腐蚀。生物质 CFB 锅炉主蒸汽压力 NO_x 排放特性则与燃料种类及锅炉运行条件密切相关。中国生物质来源以草本原料为主，且大部分为农作物秸秆，其氮元素含量普遍高于木本植物。但是通过流态重构调控强化炉内还原性气氛，以及较低的床温控制，也可有效降低主蒸汽压力 NO_x 原始排放浓度，再增加 SNCR 等烟气脱硝技术，从而实现超低排放。

除了 SO_2、主蒸汽压力 NO_x 等常规大气污染物外，由于生物质燃料不完全燃烧还会产生包括一氧化碳、多环芳香烃、二噁英、焦油等有毒有害物质。可以通过调整氧量和分级配风、合理床温选择等措施改善燃烧效率，以抑制这些可燃性物质的排放。生物质中 Cl 元素含量通常远高于煤、石油等化石燃料，燃烧生成的 HCl 可与气相中 K、Na 等碱金属进一步反应生成气溶胶；Cd、Pb、Zn 等微量重金属元素及其氧化物或氯化物也会对环境造成污染。可以通过炉内添加活性炭、高岭土等吸附剂，以及借助前面防沾污腐蚀方法去除。

骆仲泱[9]等进行了生物质直燃发电锅炉受热面沉积和高温腐蚀研究。生物质含有比较活泼的钾、氯等无机杂质，在生物质锅炉燃烧利用过程中会进入气相并在受热面表面形成沉积，阻碍受热面传热，引发受热面金属高温腐蚀。研究者综述了国内外关于生物质锅炉受热面沉积和高温腐蚀的研究进展，阐明了沉积形成、高温腐蚀的机理、实际电厂中的情况以及控制方法。国内其他研究者[10-24]开展了生物质直燃发电技术研究，为生物质循环流化床技术发展提供了技术支撑。

第 2 章
生物质 CFB 锅炉高温受热面
沉积和腐蚀试验研究

生物质能作为绿色清洁能源利用的一种形式，因其具有储量丰富、低污染和可再生等特点，逐步成为研究和发展的热点，我国生物质能发电技术产业呈现出全面加速的发展态势[25-27]。在生物质发电产业迅速发展的同时，由于生物质燃料中含有大量的碱金属 Na、K 及 Cl 元素，在高温下极易生成 KCl 和 NaCl，碱金属在热解阶段挥发析出，黏结在锅炉受热面上，呈黏稠状熔融态，捕集气体中的固体颗粒，使得受热面上形成沉积，影响锅炉管束传热，降低锅炉效率；另外受热面上的沉积中由于富含碱金属，在高温下极易造成高温腐蚀，降低受热面寿命，影响电厂安全运行。生物质直燃发电产业中的沉积和碱金属高温氯腐蚀已被公认是生物质直燃发电技术发展的瓶颈[28-30]。

根据国内外研究结果和大量的工业应用表明，生物质燃烧过程的钾和氯在炉内高温条件下有相当部分会进入气相，气相中的碱金属与相关无机物质在灰相和烟气气氛的作用下，存在凝结成核、气固相反应、气相均相反应、熔融、黏附等一系列复杂物理化学过程，炉内的气氛、灰颗粒成分、气相组分、水分、温度等条件又会通过复杂的机理影响上述过程，考虑到碱金属相关问题的物理化学过程本质，燃烧过程加入添加剂，利用添加剂可以通过加入物质的化学反应特性和物理特性改变沉积结渣形成过程的关键环节，从而达到抑制碱金属问题的目的，利用添加剂在炉内高温环境下的物理化学作用减轻甚至消除碱金属问题不失为一条可行的技术路线[31-38]。

为了研究生物质锅炉高温受热面的沉积特性及添加剂对抑制碱金属沉积腐蚀影响，本章以 50MW 生物质 CFB 锅炉为试验平台，在工业环境下添加高岭土，通过高温受热面控温探抢试验，进行沉积机理和腐蚀作用的影响因素研究。

2.1 高温腐蚀试验

（1）试验生物质 CFB 锅炉简介。该试验平台为生物质 CFB 锅炉，锅炉主要参数见表 2-1，为高温高压参数、自然循环、单炉膛、平衡通风、露天布置、钢架双排柱悬吊结构、固态排渣循环流化床锅炉；循环物料分离采用绝热式旋风分离器，炉膛后部靠近炉膛出口布置高温受热面，包括屏式过热器和高温过热器，该高温受热面为本文主要研究对象。

表 2-1 　　　　　　　　　锅炉主要技术参数

参数名称	数值
最大连续蒸发量（BMCR）（t/h）	220
额定蒸汽压力（MPa）	9.8
额定蒸汽温度（℃）	540
给水温度（BMCR）（℃）	224
一次风预热温度（℃）	132
二次风预热温度（℃）	175
排烟温度（℃）	140
锅炉热效率（%）	90
空气预热器入口风温（℃）	30

（2）试验生物质燃料及高岭土。试验生物质燃料主要采用桉树皮、桉树根、桉树枝叶和甘蔗渣等农林废弃物，为避免试验过程不同品种燃料热值、水分等参数对试验结果造成影响，试验前采取同批次桉树皮为主的燃料进行掺配，以保证试验期间试验燃料的热值、水分等参数维持在较稳定的范围内。收集试验生物质燃料进行综合化验分析，试验生物质燃料工业分析、元素分析燃料特性分析见表 2-2。为了评估试验生物质燃料中碱金属及相关无机物质含量，采用原子吸收光谱对树皮消解液中的阳离子进行分析测试，采用离子色谱对树皮去离子水浸出液中的阴离子进行测试，试验生物质燃料无机杂质含量分析测试结果见表 2-3。对试验高岭土主要化学成分进行检测，试验高岭土化学成分检测分析检测结果见表 2-4。

表 2-2　　　　　　　　试验生物质燃料工业分析、元素分析（%）

	工业分析					元素分析				
桉树皮	M_{ad}	A_{ad}	V_{ad}	FC_{ad}	Q_{net}（MJ/kg）	C_{ad}	H_{ad}	N_{ad}	O_{ad}	S_{tad}
	2.65	6.79	69.84	20.72	7.65	36.69	5.24	0.34	44.97	0.32

表 2-3　　　　　　　　试验生物质燃料无机杂质含量分析（%）

桉树皮	Ca	Mg	Na	K	Al	Cl^{-1}	SO^{-4}
	2.34	0.12	0.16	0.69	0.11	0.86	0.03

表 2-4　　　　　　　　试验高岭土化学成分检测分析（%）

高岭土	Al_2O_3	Fe_2O_3	CaO	SiO_2	MgO	Loss	TiO_2
	18.98	2.36	0.50	67.18	0.42	7.44	—

（3）试验方法。试验高岭土通过生物质燃料输送系统添加入炉，试验高岭土（燃料）输送系统示意图如图 2-1 所示。试验在锅炉高温受热面附近插入控温探枪，通过采集探枪表面沉积样品，通过扫描电镜（SEM）、X-射线衍射（XRD）等分析手段对高温受热面沉积形成的动态过程进行分析。首先以高岭土添加量为 1.5t/h 进行高温受热面沉积形成过程研究试验；其次以高岭土添加量从 0.15 开始，以不同的梯度逐级增加，研究高岭土对抑制腐蚀作用影响的程度，试验共进行 7 个工况。

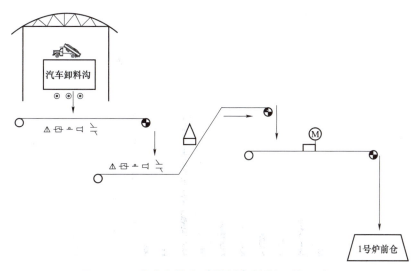

图 2-1　试验高岭土（燃料）输送系统示意图

2.2 结 果 与 讨 论

（1）空白试验。为研究高岭土对抑制腐蚀作用，采集未添加任何添加剂的生物质 CFB 锅炉高温受热面沉积物进行分析，分析结果作为该次试验的空白试验数据。

沉积物宏观形貌如图 2-2 所示，采集沉积物具有明显分层现象，外层颗粒较细，颗粒之间无明显空隙，较致密，有明显的熔融现象；中间层颗粒偏大，棱角分明，类似结晶物形态；内层颗粒较中间层小，结构疏松，类似于煤粉炉积灰。

图 2-2　沉积物宏观形貌

为确认沉积物各层的主要元素组成，对采集的沉积物样品进行能谱分析，沉积物各层主要元素组成如图 2-3 所示，外层主要元素为 Ca、Mg、Si 及少量的 Cl 和 S 元素，内层白色结晶物含有大量的氯、钾和钙元素，判断内层白色结晶主要以碱金属氯化物的形式

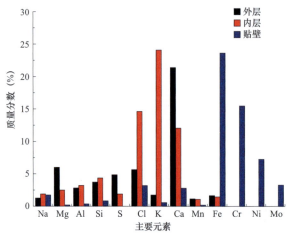

图 2-3　沉积物各层主要元素组成

存在，贴壁层的 Fe 含量很高，属于典型的碱金属高温腐蚀造成管壁金属物质剥离，从而造成 Fe 含量高，另外贴壁层还有合金钢中常见的 Ni、Cr、Mo。[2]

（2）受热面沉积特性分析。以高岭土添加量为 1.5t/h 进行添加，对试验控温探枪表面采集样品进行扫描电镜（scanning electron microscope，SEM）分析，沉积物在不同时段下的扫描电镜形貌如图 2－4 所示。在 600 倍放大倍数下观察，试验 1h 后探枪表面可见明显

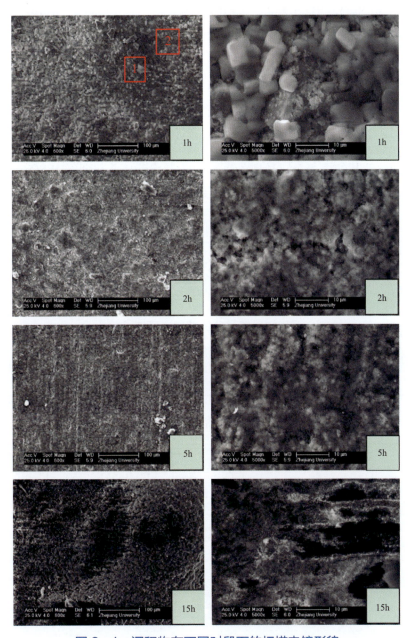

图 2－4　沉积物在不同时段下的扫描电镜形貌

盖沉积；继续放大倍数观察，出现两种物质形态。经能谱分析结果显示，区域 1 物质主要组成为 Ca、S 元素，从 Ca、S 元素质量上分析，主要是 $CaSO_4$ 和其他含钙盐类存在，分析加入的高岭土的主要成分为 $Al_2Si_2O_5(OH)_4$；而飞灰中 $CaSO_4$ 含量极低，$CaSO_4$ 极可能是由反应生成，具体过程为高岭土与生物质燃料（主要桉树皮）混合燃烧时与气态 KCl 发生式（2-1）或式（2-2）反应。

$$Al_2Si_2O_5(OH)_4 + 2SiO_2 + 2KCl(g) \rightarrow 2KAlSi_2O_6 + H_2O + 2HCl(g) \qquad (2-1)$$
$$Al_2Si_2O_5(OH)_4 + 2KCl(g) \rightarrow 2KAlSiO_4 + H_2O + 2HCl(g) \qquad (2-2)$$

从而产生大量 HCl，并与飞灰主要成分 $CaCO_3$ 发生反生：

$$CaCO_3 + 2HCl(g) \rightarrow CaCl_2 + CO_2(g) + H_2O \qquad (2-3)$$

使飞灰中含有一定量的 $CaCl_2$，其低熔点的特性使其易于黏附在管壁上，超过热泳作用沉积在壁面的其他飞灰小颗粒成为沉积的主要成分，并与烟气中 SO_2 缓慢反应生成 $CaSO_4$。试验分别对试验进行 1、2、5、15h 采集沉积样品进行能谱分析，分析结果见表 2-5 和表 2-6，结果显示随着试验时间推移沉积物以 $CaSO_4$ 含量为主，而碱金属氯化物（KCl、$NaCl$）含量增长到一定程度不再发生明显变化，分析受热面沉积已发展到成熟阶段。

表 2-5　　　　　　　沉积样品能谱分析结果（区域 1）

时间	Na	Mg	Al	Si	P	S	Cl	K	Ca
1h	2.87	11.44	5.47	5.70	3.96	22.20	3.17	1.43	43.68

表 2-6　　　　　　　沉积样品能谱分析结果（区域 2）

时间	Na	Mg	Al	Si	P	S	Cl	K	Ca
1h	2.87	11.44	5.47	5.70	3.96	22.20	3.17	1.43	43.68
2h	1.91	17.11	5.74	6.18	5.40	22.42	2.84	1.11	37.25
5h	2.45	13.56	4.98	6.65	5.23	21.52	3.29	1.42	40.89
15h	1.12	3.71	4.19	5.42	3.83	33.79	2.21	1.48	44.25

与空白试验工况对比，添加高岭土的试验沉积物中 $CaCO_4$ 含量大幅上升，KCl 的含量大幅下降，试验结果显示添加高岭土能有效减少沉积物中的 K 和 Cl 元素含量，可以有效减缓高温受热面沉积腐蚀。沉积样品能谱分析结果（高岭土梯度添加量）见表 2-7。

表 2-7　　　　　　　　沉积样品能谱分析结果（高岭土梯度添加量）

添加量 （t/h）	Na	Mg	Al	Si	P	S	Cl	K	Ca
0.15	8.76	0.36	1.60	2.16	0.85	3.94	41.74	30.75	9.84
0.30	2.61	3.28	4.67	5.51	2.66	6.81	24.95	26.04	23.48
0.45	0.42	4.68	4.37	5.57	2.06	15.37	12.21	7.33	48.02
0.60	1.04	6.13	3.82	4.31	3.06	17.19	10.12	7.59	46.79
0.90	1.94	6.95	6.39	7.70	1.79	17.62	6.19	3.41	48.04
1.20	0.77	8.53	2.02	2.97	3.95	31.08	1.10	3.89	43.86

　　1 天的沉积中，S、Cl、Ca 的含量均较高，沉积的主要成分应该为 $CaSO_4$、$CaCl_2$，$CaCl_2$ 含量明显高于之前的沉积，其可能的原因是锅炉运行过程中工况波动等因素导致高温过热器区域呈现还原性气氛（比如烟气中 O_2 含量偏低），$CaCl_2$ 生成 $CaSO_4$ 的速率减小；第 2 天及第 4 天沉积，能谱结果显示，其成分仍为 $CaSO_4$。显然此时的沉积仍未发展成熟。沉积物在不同时段下的扫描电镜形貌如图 2-5 所示。

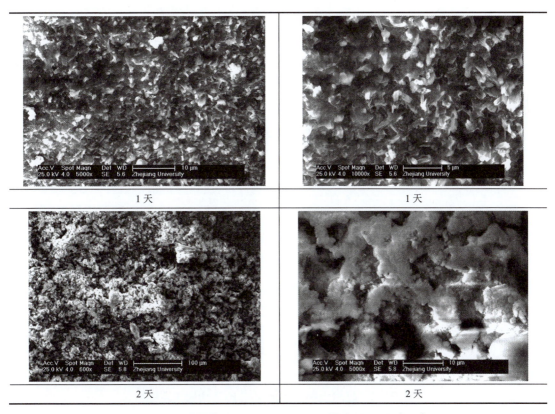

图 2-5　沉积物在不同时段下的扫描电镜形貌（一）

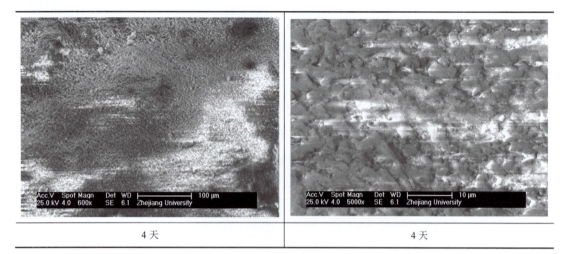

| 4 天 | 4 天 |

图 2-5　沉积物在不同时段下的扫描电镜形貌（二）

（3）高岭土经济添加量试验分析。为研究高岭土抑制腐蚀的有效添加量，试验从 0.15t/h 开始，以不同的梯度量逐级增加高岭土，试验共进行 6 个工况，通过采集控温探枪表面沉积样品进行能谱分析，如图 2-6 所示。试验结果显示，随着高岭土添加量的增加，沉积中 KCl 的含量逐渐下降，在添加量大于 0.45t/h 后，KCl 含量低于 20%；而 0.45t/h 高岭土添加量后继续加大添加量，KCl 含量减少幅度放缓，由此可见，0.45t/h 的添加量是一个较为有效且经济的高岭土添加量。

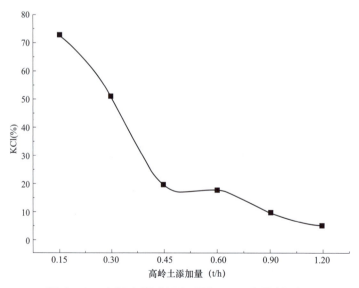

图 2-6　高岭土梯度添加量与 KCl 含量关系图

2.3　结　　论

为了研究生物质锅炉高温受热面的沉积特性及添加剂对抑制碱金属沉积腐蚀影响，本文以 50MW 生物质 CFB 锅炉为试验平台，在工业环境下添加高岭土，通过高温受热面控温探枪试验，进行沉积机理和腐蚀作用的影响因素研究，主要结论如下：

（1）通过添加高岭土研究抑制生物质 CFB 锅炉高温受热面腐蚀特性，试验结果表明：添加高岭土后，试验沉积物中 $CaCO_4$ 含量大幅上升，KCl 的含量大幅下降。由此可见，添加高岭土能有效减少生物质 CFB 锅炉高温受热面沉积物中的 K 和 Cl 元素含量，可以有效减缓高温受热面沉积腐蚀。

（2）通过高岭土经济添加量试验研究，试验结果表明：随着高岭土添加量的增加，沉积中 KCl 的含量逐渐下降，在添加量大于 0.45t/h 后，KCl 含量低于 20%，而 0.45t/h 高岭土添加量后继续加大添加量，KCl 含量减少幅度放缓。由此可见，0.45t/h 的高岭土添加量是一个较为经济有效的添加量。

第 3 章
生物质燃料长期堆放理化特性试验研究

能源是人类社会生存发展的必备资源，化石能源作为一次能源的主要组成部分，因其不可再生及环境污染问题制约了人类社会的可持续发展。农作物秸秆、林业加工副产品及农林废弃物为主的生物质能源作为绿色可再生能源，具有储存丰富、收集便利等优点，逐渐成为化石能源的替代能源。生物质直燃发电作为利用生物质能源的重要方式之一，在我国发展非常迅速，并逐步走向成熟和完善。在生物质直燃发电过程中，安全、经济储存生物质燃料是确保生物质发电机组发电安全，提升效益的重要环节。目前，国内外对生物质电厂燃料长期堆储过程中燃料理化特性变化的研究和报道还相对较少[39-46]。

本章以广东湛江某生物质电厂（以下简称"A电厂"）燃料堆储为例，对不同堆储环境下的生物质燃料进行为期120天的堆储试验研究，主要研究生物质燃料在储存过程中的理化特性（温度、水分、热值）变化规律，为生物质燃料科学储存和安全高效利用提供实践经验。

3.1 试验燃料及方法

3.1.1 试验燃料

本文选取湛江地区产量最多的桉树皮作为试验研究的生物质燃料，试验期间通过测量料堆内部温度，记录温度变化趋势，通过定期采样、化验分析试验燃料的水分和热值的变化趋势。

3.1.2　试验方法

1. 试验环境

该试验建立不同的生物质燃料堆储试验环境，试验分为室内和露天（自然环境下）进行。

2. 试验时间

考虑 A 电厂每年 3～7 月为燃料的堆储高峰期，该时间段 A 电厂所在地区气温、湿度较高对堆储燃料的理化特性影响显著，具有较大的研究价值。

试验研究时间为 120 天，试验期间每天对储存燃料进行 1 次测温，每周对试验燃料进行 1 次采样化验分析。

3. 试验堆储设计

试验燃料为 A 电厂从同一燃料供应商同一批次采购的燃料，燃料的品质（水分、热值）基本保持一致。燃料堆储按照试验方案设计分室内和露天环境，分别按 15m×10m×9m 规格进行堆垛，储存燃料堆垛模型图如图 3－1 所示。

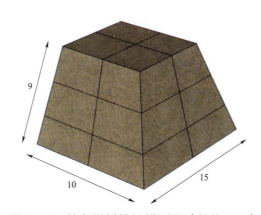

图 3－1　储存燃料堆垛模型图（单位：m）

4. 试验测定方法

燃料测温采用热电偶测量仪，测量仪由测量棒和仪表组成，为可分离式，避免使用过程中损坏仪表。根据燃料堆垛规格，分别选取 3m 和 7m 长热电偶测量仪进行测量；燃料测温方法采用网格测量法，分别在燃料堆垛的上、中、下层进行网格测量，每层测量 16 个温度点。

燃料取样按照堆垛的上、中、下层分别采取表层和内部样品，每个采样点取样不少于 2kg 燃料，所采集样品采用塑料储料袋进行封装，送至 A 电厂燃料化验室进行化验分析。

燃料全水分按照 GB/T 28733—2012《固体生物质燃料全水分测定方法》测量，在 105℃±2℃的空气干燥流中，鼓风条件下，烘至样品质量恒重，水分修正后计算全水分；燃料热值采用弹筒发热量测定方法进行测定。

3.2 试验结果与分析

3.2.1 表观观察

（1）露天（自然条件下）试验燃料颜色加深，部分燃料发黑、轻微腐烂，尤其是料堆底层燃料受潮湿或雨水天气影响出现发黑、腐烂的现象较严重。

（2）室内试验燃料表面颜色加深，未出现发霉或腐烂现象。

3.2.2 温度变化

不同堆储环境下试验燃料内部温度变化规律如图 3-2 所示。可以看出，A 电厂所在地属于北回归线以南的低纬度地区，在试验时间段内，堆场气温基本维持在约 30℃，属于典型亚热带季风气候。

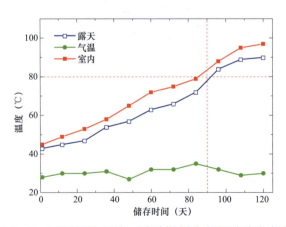

图 3-2 不同堆储环境下试验燃料内部温度变化规律

露天（自然条件下）和室内堆储燃料内部温度都出现了上升的趋势，分析可能是生物质燃料在受生物降解或生化降解产生热量引起。

露天（自然条件下）堆储燃料内部温度随着时间增长，温度逐渐上升，堆储大概 91 天料堆内部温度达到 80℃；而室内堆储燃料内部温度随着时间增长，温度逐渐上升且上升速度比露天（自然条件下）堆储燃料要快一些，大概 86 天燃料内部温度达到了 80℃。

不同堆储环境下，堆储燃料内部温度变化存在差异，主要是由料堆的通风形式不一致引起。露天（自然条件下）堆储燃料暴露在空气中，自然通风条件良好，料堆部分热量随着自然通风带走，温度降低；而室内堆储燃料自然通风条件相对较差，主要靠料堆内部和外表面的温度差形成对流带走部分热量。

3.2.3　水分变化

不同堆储环境下试验燃料全水分（空干基）变化规律如图 3－3 所示。随着燃料堆储时间延长，不同堆储环境的燃料全水分变化具有明显的区别，露天（自然条件下）堆储燃料随着时间变化，燃料全水分从 54.82% 增长至 58.64%，增加了 3.82%。考虑到试验期间 A 电厂所在地区湿度分布在 60%～95%，共有 9 天雨天，露天堆储燃料全水分增长主要受雨水和潮湿天气影响所致。燃料露天堆储大概 86 天，全水分增长较缓慢，可认为燃料水分基本达到饱和状态。

室内堆储燃料随着时间变化，燃料全水分从 54.82% 减少至 46.2%，减少了 15.72%；室内燃料堆储大概 84 天后，全水分减少较缓慢，可认为室内燃料基本达到自然烘干的平衡状态。

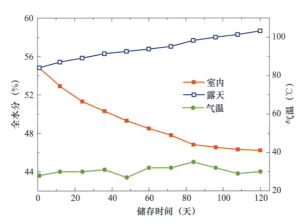

图 3－3　不同堆储环境下试验燃料全水分（空干基）变化规律

3.2.4 热值变化

不同堆储环境下试验燃料热值（低位发热量）变化规律如图 3-4 所示。可以看出，随着燃料堆储时间的变化，不同堆储环境的燃料热值变化趋势不同。露天（自然条件下）堆储燃料随着时间变化，燃料热值从 1282cal/g（1cal=4.184J）下降至 1121.16cal/g，下降了 12.54%。考虑到露天堆储燃料受雨水和潮湿天气影响，燃料全水分增加直接影响热值。此外，长期堆储的高水分燃料由于生物降解造成干物质和热量损失也是造成燃料热值下降的另一主要原因。

室内堆储燃料随着时间变化热值由 1282cal/g 增加至 1742cal/g，增加了 35.89%，室内堆储大概 85 天后，燃料热值基本保持不变。室内堆储燃料热值增加主要受燃料全水分下降影响，此外值得注意的是室内燃料在自然烘干过程中生物降解造成的干物质和热值损失逐渐减少，对室内储存燃料的影响相对较小。

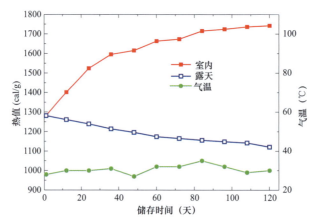

图 3-4　不同堆储环境下试验燃料热值（低位发热量）变化规律

3.3　结　　论

生物质燃料堆储过程中，不同的堆储环境会引起燃料的理化特性发生变化，从而对生物质燃料的使用安全和经济性产生较大的影响，通过试验研究得出以下结论：

（1）露天堆储的生物质燃料全水分随着时间的变化增加 3.82%，而室内堆储的生物质全水分随着时间变化下降 15.72%，试验结果表明气候属于多雨潮湿地区的生物质燃料不适合露天长期堆储。

（2）露天堆储的生物质燃料热值随着时间变化下降 12.54%，室内堆储的生物质燃料热值随时间变化增加 35.89%，试验结果表明生物质燃料在室内堆储过程中自然烘干效应明显，热值增加，有利于提高生物质燃料的使用效率；而露天堆储的生物质燃料受雨水潮湿天气影响，热值降低，且高水分生物质燃料堆储过程受生物降解效应明显，干物质和热值损失也不容小觑。

（3）露天（自然条件下）和室内堆储生物质燃料内部温度都出现了上升的趋势，且室内堆储环境下的生物质燃料内部温度上升更快：露天堆储超过 91 天燃料内部温度上升超过 80℃；室内堆储超过 86 天燃料内部温度上升超过 80℃。试验结果表明，生物质燃料长期堆储过程中受生物降解和通风形式影响，燃料内部温度升高，露天和室内堆储超过 86 天燃料内部温度都超过了 80℃，应及时使用避免燃料自燃发生火灾事故。

综上所述，考虑生物质燃料使用安全和经济性，A 电厂对长期堆储的生物质燃料采取室内堆储方式，建立燃料存放使用台账，坚持每日测温和燃料定期轮换使用规定，燃料堆储时间最长不超过 90 天；一旦燃料内部温度超过 80℃立即置换使用，通过采取以上措施后 A 电厂燃料堆储损耗下降，发电效益提升，同时有效避免了生物质燃料自燃发生火灾事故。

第4章
生物质 CFB 锅炉冷态动力场试验研究

4.1 设 备 概 况

广东粤电湛江生物质发电有限公司由广东粤电集团投资建设，是国内单机容量最大的生物质发电工程。广东粤电湛江生物质发电有限公司位于湛江市遂溪县白泥坡工业聚集地，北距遂溪县城中心约 5km，东南距湛江市约 18km。厂址东距广海高速公路约 2.4km，南距渝湛高速公路约 0.5km，西距 207 国道约 1.5km，西南距 220kV 遂溪变电站约 5.5km。厂址东北距西溪河约 2.5km，距雷州青年运河东海河约 4.5km。

广东粤电湛江生物质发电有限公司目前总装机容量为 2×50MW 生物质发电机组，广东粤电湛江生物质发电有限公司锅炉总貌如图 4-1 所示。三大主机按国产高温/高压

图 4-1 湛江生物质电厂锅炉总貌

参数机组考虑。锅炉选用 220t/h 生物质燃料循环流化床锅炉，汽轮发电机组选用 50MW 级凝汽式汽轮发电机组。两台机组分别于 2011 年 8 月 20 日和 2011 年 11 月 14 日投产，是目前全国单机容量及总装机容量最大的生物质发电厂。该项目属于国家鼓励和支持的环保可再生能源产业，同时也是国家和省重点发展节能减排的阳光产业。发电燃料主要利用农林废弃物，通过生物质能转换技术实现发电，具有环保、节约资源、惠民、可再生持续利用等优点，是广东省乃至全国可再生能源发电的创新者和引领者。该项目的建成，将直接实现工业反哺农业，带动农村就业，增加农民收入的服务"三农"的电力排头兵。

4.1.1　锅炉主要参数

广东粤电湛江生物质发电有限公司锅炉是型号为 HX220/9.8 – Ⅳ1 的高温/高压、单汽包、汽水自然循环、平衡通风锅炉，采用露天布置；锅炉采用循环流化床燃烧技术；循环物料分离采用绝热式旋风分离器。锅炉主要性能参数见表 4–1。

表 4–1　　　　　　　　锅 炉 主 要 性 能 参 数

序号	项目	单位	设计	校核 1	校核 2
			BMCR	BMCR	BMCR
1	锅炉连续最大蒸发量（BMCR）	t/h	220	220	220
2	锅炉排烟温度（修正后）	℃	140	140	140
3	锅炉保证热效率	%	90.67	90.67	90.67
4	锅炉未完全燃烧损失	%	1.20	1.20	1.20
5	炉膛出口过量空气系数 α	—	1.20	1.20	1.20
6	锅炉实际燃料量	t/h	49.30	50.06	58.85
7	锅炉计算燃料量	t/h	48.71	49.46	58.15
8	空气预热器一次、二次风进风温度	℃	23	23	23
9	空气预热器一次风出口温度	℃	130	130	130
10	空气预热器二次风出口温度	℃	172	172	172
11	进入锅炉一次风份额	%	55	55	55
12	进入锅炉二次风份额	%	45	45	45
13	进入炉膛一次风总量	m³/h	113935	115657	119265
14	进入炉膛二次风总量	m³/h	93219	94628	97580

序号	项目	单位	设计 BMCR	校核1 BMCR	校核2 BMCR
15	空气预热器出口总烟气量	m³/h	422011	427099	453770
16	引风机进口总烟气量	m³/h	432648	437912	464765
17	引风机进口烟气温度	℃	135.2	135.2	135.2

4.1.2 燃料特性

锅炉燃用桉树的皮、枝、叶、根和甘蔗叶、渣；木材边角料；等农林废弃物。

（1）设计燃料：50%甘蔗叶（12%水分）+20%树皮（25%水分）+30%其他（25%水分）。

（2）校核燃料1：70%甘蔗叶（12%水分）+15%树皮（25%水分）+15%其他（25%水分）。

（3）校核燃料2：70%甘蔗叶（20%水分）+15%树皮（40%水分）+15%其他（40%水分）。

注："其他"为除甘蔗叶和树皮外的可能燃用的当地农林业生产废弃物如树根、树干、树枝、蔗渣、稻草等及家具加工废料等的混合料。

生物质燃料特性见表4-2。

表4-2 生 物 质 燃 料 特 性

燃料化学成分分析	符号	单位	桉树根	桉树干	桉树皮	桉树枝	甘蔗叶
收到基碳	C_{ar}	%	42.88	39.57	13.66	29.83	39.80
收到基氢	H_{ar}	%	5.55	5.10	1.53	3.11	4.87
收到基氧	O_{ar}	%	35.07	32.75	12.00	24.09	38.71
收到基氮	N_{ar}	%	0.3	0.22	0.18	0.44	2.46
收到基硫	S_{ar}	%	0.07	0.04	0.02	0.11	0.13
收到基水分	W_{ar}	%	15.32	21.85	70.76	40.28	10.86
收到基灰分	A_{ar}	%	0.80	0.48	1.84	2.15	3.16
收到基挥发分	V_{da}	%	67.43	65.15	21.54	44.89	71.20
收到基低位发热量	$Q_{net,ar}$	kJ/kg	15835	14488	2964	9939	12472

锅炉主要由一个膜式水冷壁炉膛、两台旋风分离器和一个汽冷包覆的尾部竖井三部分组成。锅炉炉膛内布置有从前墙插入，顶棚穿出的 12 片水冷蒸发屏、37 片屏式过热器；炉膛底部是由水冷壁管弯制围成的水冷风室。与 2 支床下风道点火燃烧器相连；炉膛底部布置有 3 根 ϕ219 排渣管。其中 2 根为两侧，各分别与设有 1 台滚筒式冷渣机相连；另 1 根布置在中部为事故排渣管。

炉膛出口与竖井之间布置两台绝热式旋风分离器相连，旋风分离器下部各布置一台回料阀；回料阀的出口连接到炉膛，实现循环流化床的外部循环。

尾部烟道由汽冷包墙组成的上烟道，炉内布置 3 组低温过热器；绝热式的下烟道内布置有省煤器、光管卧式安装的一次风、二次风空气预热器；锅炉共设四台给料机，在前墙水冷壁收缩段左右方向均匀布置；在 "J" 阀回料器上还有启动床料补充入口，过热器设置两级喷水减温器。

烟风系统采用平衡通风的方式，通过匹配一次风机、二次风机与引风机的出力平衡炉膛压力。由一次风机送出的一次冷风经空气预热器加热后，经布风板下一次风室通过布风板和风帽进入炉膛，使炉内床料流化，同时向炉膛下部密相区提供一定的氧气供燃料燃烧；二次风由二次风机提供，主要是补充炉内燃料燃烧的氧气并加强物料的掺混，调整炉内温度场的分布，防止局部烟气温度过高，抑制主蒸汽压力 NO_x 的生成；二次冷风经空气预热器加热后，从炉膛前后墙不同高度分级送入；燃烧后的烟气经过布袋除尘器除尘后，由引风机送至烟囱排放。

4.2 试 验 目 的

2019 年 3 月 21 日开始，1 号机组进行 A 级检修。此次试验对检修后的锅炉烟风系统（包括测压装置，风门挡板、给料口及油枪）进行全面检查，对系统内测速装置进行标定；同时，通过布风阻力特性试验、布风均匀性试验、料层阻力特性试验、回料器相关冷态试验等，可了解锅炉主要部件和配套辅机的冷态工作特性，确保锅炉顺利点火启动；另外可为锅炉热态运行调整提供参考。

4.3 编 写 依 据

（1）GB/T 10184—2015《电站锅炉性能试验规程》。

（2）电综〔1998〕179 号《火电机组启动验收性能试验导则》。

（3）《电业安全工作规程（发电厂和变电所电气部分）》。

（4）《电力生产安全工作规定》。

（5）广东粤电湛江生物质发电有限公司锅炉相关技术协议以及设计、竣工资料。

4.4 试验主要项目和试验仪器

此次冷态试验主要内容包括：

（1）锅炉主要部件静态检查：检查内容包括风道燃烧器及其与点火枪的相对位置、各二次风口、返料口、炉膛风帽、风室、各风道挡板、风机进出口挡板及调节门。

（2）风量测量装置的流量系数标定：包括冷/热一次风、二次风风量标定。

（3）二次风风门挡板特性。

（4）炉膛布风装置阻力特性测试。

（5）布风装置的布风均匀性检查。

（6）锅炉炉膛出口、两侧旋风分离器入口、出口风速测定。在典型配风方式下测量以上位置截面流场，为热态调整收集基础数据。

（7）临界流化风量测量及料层阻力特性试验。

（8）回料器冷态试验。

主要试验仪器有：U 形压力计（WO－81 型气压表）；温/湿度计；标准皮托管/靠背管 1.5、3.5m；微压计（1、5、10kPa）；手持式风速测速仪；对讲机等其他试验用工具。

4.5 冷态试验过程及结果分析

4.5.1 锅炉主要部件静态检查

开始冷态试验前，先对风道燃烧器及其与点火枪的相对位置、各二次风口，回料口、锅炉炉膛风帽、回料器风帽、风室、各风烟道挡板、风机进行了静态检查，重点对炉内布风板风帽等进行了仔细的检查。结果发现风帽有很多松动、帽顶穿孔、部分堵塞等现象，

1 号锅炉内布风板风帽如图 4-2 所示，部分风帽口有堵如图 4-3 所示，1 号锅炉风室情况如图 4-4 所示；现场试验人员进行了清理，于 2019 年 4 月 16 日中午，依次启动引风机、一次风机、二次风机进行风组试运行。

图 4-2　1 号锅炉内布风板风帽

图 4-3　部分风帽口有堵

图 4-4　1 号锅炉风室情况

风阻启动后，再次进入炉膛进行检查，仍发现许多风帽出风口有堵，没有风出来，布风板阻力也显示比正常的空床阻力大；于是再次进行清理，布风板风帽清理如图 4-5 所示，风组试运结果表明大部分风机轴承振动、轴承温度正常，各风机电动机轴承振动、线圈温度、轴承温度正常；各风机出力正常，各调节挡板调节特性良好；之后进行空床阻力测试、风量标定等试验。

4.5.2 二次风风门挡板特性试验

维持空气预热器出口二次风风压不变，二次风热风风量在 82000m³/h 左右，炉内二次风口风速测量时运行画面如图 4-6 所示；二次手动风门开度为 100%。炉膛上二次风口风速测量结果见表 4-3。

图 4-5 布风板风帽清理

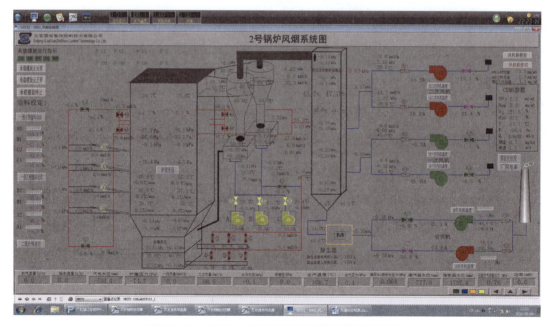

图 4-6 炉内二次风口风速测量时运行画面

表 4-3　　　　　　　　　　炉膛上二次风口风速测量结果（m/s）

风门开度	二次风喷口风速 [m/s，炉右（A 侧）至炉左（B 侧）]					平均
	1	2	3	4	5	
前墙上层	42.5	50.1	49.5	48.5	—	47.7
前墙上层偏差（%）	10.9	5.0	3.8	1.7	—	5.4
前墙下层	50.4	44.2	48.2	—	—	47.6
前墙下层偏差（%）	5.9	7.1	1.3	—	—	4.8
后墙上层	46.5	50.1	52.2	48.0	52.3	49.8
后墙上层偏差（%）	6.6	0.6	4.8	3.6	5.0	4.1
后墙下层	44.3	48.3	53.3	48.3	50.2	48.9
后墙下层偏差（%）	9.4	1.2	9.0	1.2	2.7	4.7
全部平均	48.6m					

注　1~5 为不同位置测量风速。

测量结果表明，沿炉膛宽度方向，二次风分配基本均匀，所有二次风门全开时偏差平均不超过 5%，可以满足锅炉运行的要求。二次风门全开（后墙）如图 4-7 所示。

图 4-7　二次风门全开（后墙）

4.5.3　风量测量装置的流量系数标定

根据现场实际情况，主要进行了冷/热一次风、二次风风量标定，各分 2 个风量工况进行，炉内二次风的测量现场如图 4-8 所示。其中，工况 1 典型画面（热二次风量 80~82km³/h/热一次风量约 40km³/h）如图 4-9 所示，工况 2 典型画面（热二次风量约 50km³/h，热一次风量约 80km³/h）如图 4-10 所示，冷二次风 B 侧现场标定如图 4-11 所示，冷二次风 A 侧现场标定如图 4-12 所示，热二次风总管标定现场如图 4-13 所示，热一次风总管 A 侧标定现场如图 4-14 所示，冷热二次风标定时 DCS 中风量等数据曲线如图 4-15 所示，热一次风标定时 DCS 中风量等数据曲线如图 4-16 所示。主要风量测点标定结果见表 4-4。

图 4-8　炉内二次风的测量现场

表 4-4　　　　　　　　　　　主要风量测点标定结果

项目		实测风量（m³/h）（标准状态）	DCS 风量（m³/h）（标准状态）	标定系数	平均系数
热二次风量总管（φ1120×4mm）标定	A 侧	42193	40800	1.03	0.995
		24844	25800	0.96	
	B 侧	39058	39800	0.98	0.995
		25428	25100	1.01	
热二次风量支管（φ920×4mm）标定	A 侧	20704	17100	1.21	1.165
		14019	12300	1.14	
	B 侧	20132	21700	0.93	0.870
		13347	16500	0.81	
冷二次风量（φ1100×1200mm×4mm）标定	A 侧	45472	43200	1.05	0.935
		23867	29000	0.82	
	B 侧	42949	40300	1.07	1.035
		26563	26600	1.0	

续表

项目		实测风量（m³/h）（标准状态）	DCS 风量（m³/h）（标准状态）	标定系数	平均系数
冷一次风量（$\phi 1400 \times 1200mm \times 4mm$）标定	A 侧	38168	22300	1.71	1.725
		77798	44600	1.74	
	B 侧	40209	18800	2.14	1.985
		70336	38400	1.83	
热一次风量（$\phi 1200 \times 1000mm \times 4mm$）标定	A 侧	28548	23700	1.20	1.140
		47434	44100	1.08	

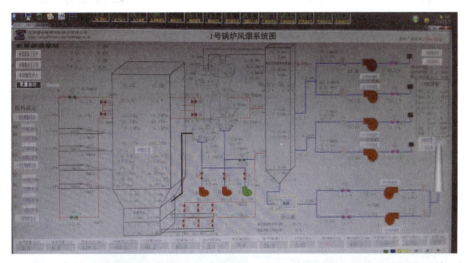

图 4-9　工况 1 典型画面（热二次风量 80~82km³/h，热一次风量约 40km³/h）

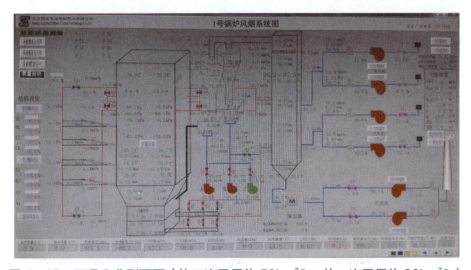

图 4-10　工况 2 典型画面（热二次风量约 50km³/h，热一次风量约 80km³/h）

图 4-11　冷二次风 B 侧现场标定

图 4-12　冷二次风 A 侧现场标定

图 4-13　热二次风总管标定现场

图 4-14　热一次风总管 A 侧标定现场

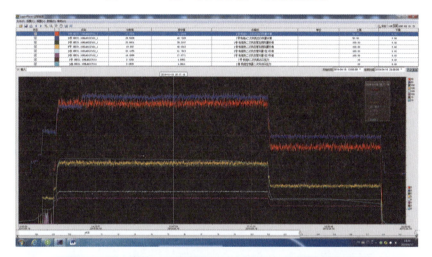

图 4-15　冷热二次风标定时 DCS 中风量等数据曲线

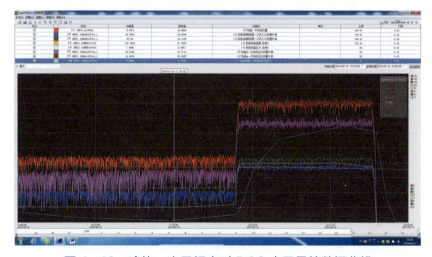

图 4-16　冷热一次风标定时 DCS 中风量等数据曲线

从标定结果看，冷一次风量（即一次风机出口流量）实际测量结果比运行画面要大很多，比例系数 A/B 侧分别为 1.725、1.985，DCS 中风量比例系数需进行修改；而其他风量运行画面显示与实际测量值基本相符，运行人员完全可以以现有风量数据作操作依据，现有 DCS 中的比例系数无须修改；另外总冷一次风量比总热一次风量大，表明一次风漏风比较严重，锅炉停运后应彻底检查一下空气预热器情况。

4.5.4　布风板阻力特性试验

布风板阻力特性试验即空床阻力特性试验，在布风板不铺床料的情况下，启动引风机、一次风机，维持炉膛出口负压不变，调整一次风量，记录各工况下风室风压、床压、炉膛负压，风室风压及床压的差值即为布风板阻力。

此次试验共进行两次布风板阻力试验，第一次是大修完后风帽简单清理后；第二次是进一步将布风板堵塞的风帽疏通后进行的。第一次空床阻力试验 CRT 上风量和风室压力曲线如图 4–17 所示，该曲线可近似于布风板空床阻力，可知在一次风（热风）总风量 80km³/h 时，风室压力达 10kPa（第一次空床阻力试验时锅炉画面如图 4–18 所示），明显偏大很多，风帽一定有堵塞现象，入炉膛检查果然如此，便叫人工清理；之后再次进行空床阻力试验，第二次空床阻力试验时风量和风室压力曲线等如图 4–19 所示，第二次空床阻力试验时锅

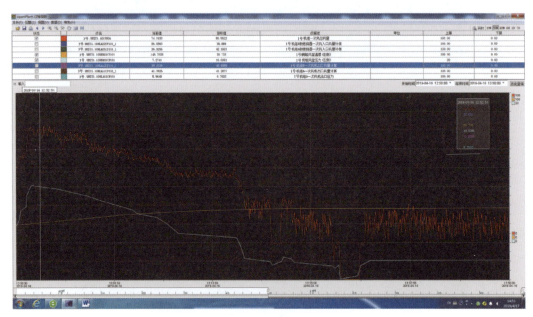

图 4–17　第一次空床阻力试验时风量和风室压力曲线等

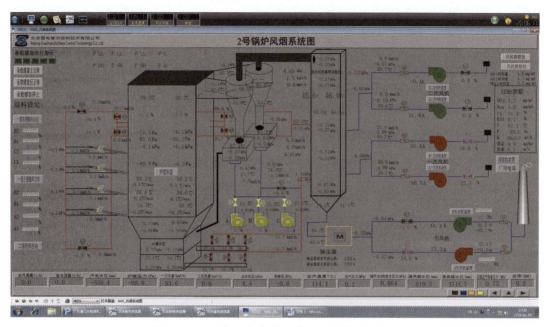

图 4-18　第一次空床阻力试验时锅炉画面

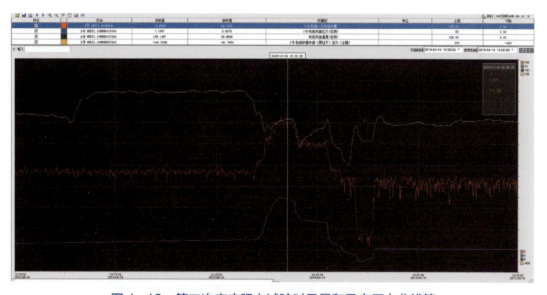

图 4-19　第二次空床阻力试验时风量和风室压力曲线等

炉画面如图 4-20 所示；从试验结果看，在一次风（热风）总风量 70km³/h 时，风室压力仍有 7kPa 左右，虽比第一次减少了许多（二次空床阻力试验时风量和风室压力曲线比较如图 4-21 所示），但依然偏大，表明风帽仍有堵塞现象，这要加大吹扫。

生物质直燃发电技术

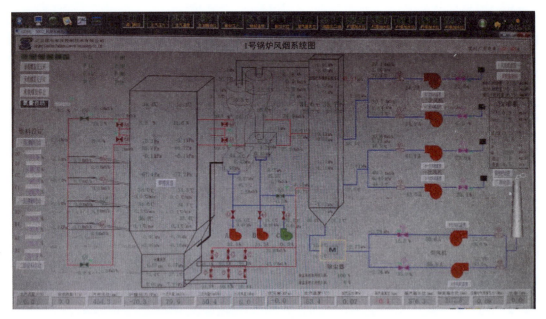

图 4-20　第二次空床阻力试验时锅炉画面

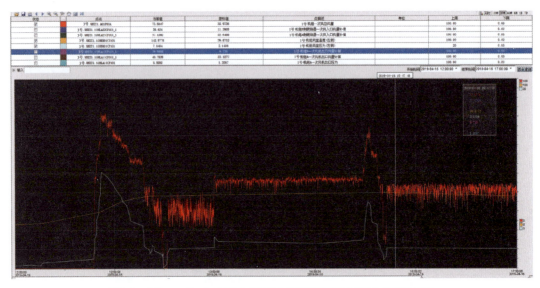

图 4-21　二次空床阻力试验时风量和风室压力曲线比较

　　根据第二次空床阻力试验结果，得到布风板阻力特性曲线如图 4-22 所示，这是风帽未完全疏通时的情况，比正常时要大，仅适用于此次试验，用于最小流化风量的测定。

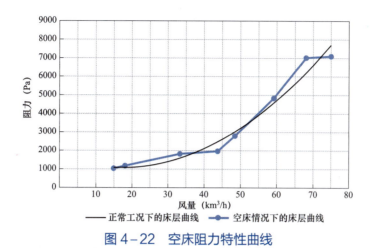

图 4-22 空床阻力特性曲线

4.5.5 布风装置布风均匀性试验

布风板的均匀性与否是流化床锅炉能否正常运行的关键,布风板不均匀会造成床料的不均匀,热运行时会出现局部死区,引起温度不均匀,以致引起结渣。在试验时先在布风板上铺设约 500mm 厚度的床料(电厂购置的河沙),启动引风机、一次风机,逐渐增大一次风风量,在床料完全流化状态下,突然停止送风。进入炉内检查床料的平整程度,若床料表面平整,表明风帽布风均匀,流化质量良好;若发现床面极不平整,有凸凹不平的现象,表明布风不均匀,流化质量不好,则应查找原因,采取相应措施及时处理。2019 年 4 月 16 日晚对 1 号锅炉进行检查,发现床料表面基本平整。值得注意的是,炉膛内靠前的位置有 2 个小凹坑出现,可能的问题是该处风帽存在小穿孔,建议下次停运时再彻底检查一次。

4.5.6 临界流化风量测量及料层阻力特性试验

临界流化风量是指床料从固定状态到流化状态所需的最小风量,是锅炉运行时最低的一次风量。测量临界流化风量的方法是在布风板上铺上一定厚度的床料,启动风机,逐渐增加一次风量,初始阶段随着一次风量增加,床压逐渐增大,当风量超过某一数值时,继续增大一次风量,床压将不再增加,该风量值即为临界流化风量;另外,也可用逐渐降低一次风量的方法,测出临界流化风量。试验时记录不同风量下的风室风压,此风室风压所代表的风阻是料层阻力与布风板阻力之和,用测得的风室压力减去同一风量下的布风板阻力就得到了该料层阻力。把一次风量和料层阻力绘制在同一坐标系中即得到料层阻力特性曲线，根据此曲线可以得出临界流化风量。

此次试验，进行了 1 个料层的料层阻力试验，为正常点火时 500mm 厚料层。CRT 上的流化风量与料层阻力（含布风板）特性曲线如图 4–23 所示（500mm 料层），500mm 料层阻力特性曲线（最低流化风量曲线）如图 4–24 所示。

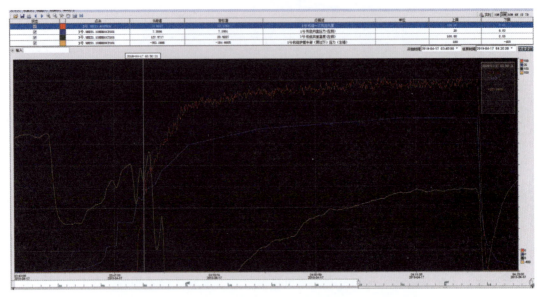

图 4–23　500mm 料层阻力特性试验曲线（运行数据）

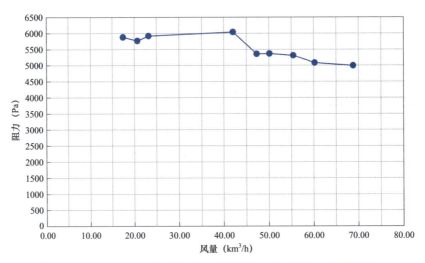

图 4–24　500mm 料层阻力特性曲线（最低流化风量曲线）

在实际运行过程中，由于流化风温度较高，因此在热态运行时最低流化风量可保证机组床料流化良好，实际运行中建议在点火时控制流化风量不低于 4.5 万 m³/h 即可，随着负荷增加，再慢慢加大流化风量。目前流化风量低保护定值为 5.5 万 m³/h（标准状态，偏高），建议改为 4.5 万 m³/h（标准状态）为好，可在点火时节约用油。

试验表明 500mm 床料料层阻力为 5.0～5.5kPa，由此试验时用到床料充分流化后，每100mm 料层对应料层阻力为 1.05kPa。

2019 年 4 月 17 日早上点火后，风室压力和流化风量的关系逐渐正常，表明风帽被热风高速逐渐吹通了，这是好现象，点火后锅炉运行画面如图 4－25 所示。

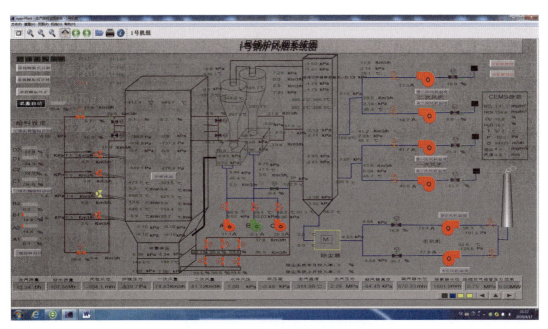

图 4－25 点火后锅炉运行画面

4.6 结 论 及 建 议

（1）1 号锅炉主要辅机（引风机、一/二次风机等）运行状况良好，能满足运行的要求。

（2）二次风手动分风门开度为 100%时，各个风口风速基本均匀分布，二次风挡板特性良好。

（3）冷一次风量（即一次风机出口流量）实际测量结果比运行画面要大很多，比例系数 A/B 侧分别为 1.725、1.985，DCS 中风量比例系数需进行修改；而其他风量运行画面显示与实际测量值基本相符，运行人员完全可以以现有风量数据作操作依据，现有 DCS 中的比例系数无须修改；另外总冷一次风量比总热一次风量大，表明一次风漏风比较严重，锅炉停运后应彻底检查一下空气预热器情况。

（4）500mm 料层均匀性试验表明床料表面基本平整。值得注意的是，炉膛内靠前的位置有 2 个小凹坑出现，可能的问题是该处风帽存在小穿孔，建议下次停运时再彻底检查。

（5）采用该冷态试验的床料，在床料完全流化状态下，每 100mm 料层对应料层阻力约为 1.05kPa，床料冷态时临界流化风量不高于 4.2 万 m³/h（标准状态）；目前流化风量低保护定值为 5.5 万 m³/h（标准状态，偏高），建议改为 4.5 万 m³/h（标准状态）。

（6）此次试验初期发现布风板风帽有磨损、穿孔、堵塞等现象，建议作为一个制度，在每次停炉清空床料后应彻底、仔细地检查风帽，及时处理问题风险。这对于锅炉的正常运行十分重要，可防止流化不良、燃烧不稳的问题发生。

第 5 章
生物质 CFB 锅炉燃烧调整试验研究

5.1 概　　述

广东粤电湛江生物质发电公司 2 号锅炉自 2011 年投入商业运行以来,基本满足生产运行需求。为更深入摸清生物质锅炉运行规律、满足锅炉机组安全经济运行的要求,开展了生物质 CFB 锅炉燃烧调整试验研究。

5.2 锅　炉　概　况

广东粤电湛江生物质发电项目工程（2×50MW）机组为华西能源工业股份有限公司生产的循环流化床锅炉。锅炉型号为 HX220/9.8 – Ⅳ1。锅炉为高温高压参数、自然循环、单炉膛、平衡通风、露天布置、钢架双排柱悬吊结构、固态排渣循环流化床锅炉。锅炉主要由一个膜式水冷壁炉膛,两个上排气蜗壳式绝热旋风分离器和一个由汽冷包墙包覆的尾部竖井（HRA）三部分组成。

锅炉炉膛为光管加焊扁钢组成的膜式水冷壁。炉膛断面尺寸为 14500mm（宽）×5500mm（深）。炉膛内布置有 32 片屏式过热器和 14 片水冷蒸发屏。后墙水冷壁上部向炉外突出 50°与顶棚、两侧包墙管形成出口水平烟道。在水平烟道内布置高温过热器。

炉膛出口与竖井之间布置两台绝热式旋风分离器相连,旋风分离器下部各布置一台回料阀;回料阀的出口连接锅炉共设有四台给料装置,全部置于炉前,在前墙水冷壁下部收缩段沿宽度方向均匀布置。

炉膛底部是由水冷壁管弯制围成的水冷风室，水冷风室后布置风道点火器，风道点火器一共有两台，其中各布置有一个高能点火油燃烧器；风室底部布置有 2 根 ϕ273 排渣管，前墙水冷壁靠布风板的根部布置有 2 根 ϕ219 紧急排渣管；炉膛与尾部竖井之间，布置有两台上排气蜗壳式绝热旋风分离器，其下部各布置一台 LOOPSEAL 型返料装置；在尾部竖井中从上到下依次布置有低温过热器、省煤器和卧式空气预热器；过热器系统中设有两级喷水减温器。

锅炉汽水系统回路包括尾部省煤器、锅筒、水冷系统、水平烟道、HRA 包墙过热器、低温过热器、屏式过热器、高温过热器及连接管道。

烟风系统采用平衡通风的方式，通过匹配引风机与一次风机和二次风机的出力平衡炉膛的压力。

由一次风机送出的一次冷风经过空气预热器加热后，经布风板下一次风室通过布风板和风帽进入炉膛，使炉内床料流化，同时向炉膛下部密相区提供一定的氧气供燃料燃烧。在该管路上还并联布置有两只风道点火燃烧器，在锅炉点火时，利用点火燃烧器加热床料和点着物料。

二次风由二次风机提供，主要是补充炉内燃料燃烧的氧气并加强物料的掺混，调整炉内温度场的分布，防止局部烟气温度过高，抑制主蒸汽压力 NO_x 的生成；从二次风机鼓出的燃烧空气二次风经预热后直接经炉膛上部的二次风箱分级送入炉膛。

燃烧后的烟气经过布袋除尘器除尘后，由引风机送至烟囱排放。

5.2.1 锅炉主要技术参数

锅炉主要设计技术参数见表 5-1。

表 5-1 　　　　　　　锅炉主要设计技术参数

序号	设计参数	单位	BMCR	75%BMCR	50%BMCR	最低稳燃 30% BMCR	高压加热器全切
1	主蒸汽流量	t/h	220	165	110	66	220
2	主蒸汽出口温度	℃	540	540	540	470	540
3	主蒸汽出口压力	MPa	9.8	9.8	9.8	8.82	9.8
4	给水温度	℃	224	224	224	200	150

5.2.2　锅炉设计燃料参数

锅炉设计燃料参数见表 5−2。

表 5−2　　　　　　　　　　锅 炉 设 计 燃 料 参 数

序号	名称	符号	单位	设计	校核 1	校核 2
1	收到基碳	C_{ar}	%	38.05	38.46	33.76
2	收到基氢	H_{ar}	%	4.66	4.69	4.12
3	收到基氧	O_{ar}	%	34.69	36.08	31.78
4	收到基氮	N_{ar}	%	1.37	1.80	1.63
5	收到基硫	S_{ar}	%	0.09	0.10	0.09
6	收到基灰分	A_{ar}	%	2.64	2.96	2.61
7	收到基水分	M_{ar}	%	18.50	15.90	26.00
8	收到基挥发分	V_{ar}	%	64.95	66.87	58.86
9	固定碳	FC_{ar}		13.90	14.27	12.53
10	收到基低位发热量	$Q_{net,ar}$	kJ/kg	12587	12396	10544
11	燃料粒度		mm	软质燃料：最大长度小于 150mm； 硬质秸秆：最大长度小于 150mm； 最大宽度小于 80mm； 最大厚度小于 50mm		

5.2.3　锅炉点火及助燃用油

锅炉点火及助燃用油为 0 号柴油，锅炉点火及助燃用油技术参数见表 5−3。

表 5−3　　　　　　　　锅炉点火及助燃用油技术参数

序号	项目	单位	指标
1	硫含量	%	≤0.2
2	酸度（KOH）	mg/100mL	≤7
3	10%蒸余物残碳含量	%	≤0.3
4	灰分	%	≤0.01
5	分	%	≤痕迹
6	机械杂质	%	无

序号	项目	单位	指标
7	十六烷值	—	≥45
8	凝点	℃	≤0
9	冷凝点	℃	≤4
10	闪点（闭口）	℃	≥55
11	运动黏度（20℃）	mm²/s	3.0～8.0
12	低位发热量	MJ/kg	约41.9
13	密度	kg/m³	约830

5.3 试 验 目 的

针对广东粤电湛江生物质发电有限公司锅炉机组运行情况及存在的问题，通过优化调整试验，寻求锅炉机组的最佳运行方式，提高机组的运行经济性、燃烧稳定性和状态安全性。了解和摸索生物质燃料的燃料特性，找出主要生物质燃料变化因素对生物质电厂锅炉热经济性及污染物排放性能的影响规律；了解生物质燃料在循环流化床机组的燃烧特性，找出燃烧工况主要因素对生物质电厂锅炉热经济性及污染物排放性能的影响规律。

5.4 试 验 依 据

（1）GB/T 10184—2015《电站锅炉性能试验规程》。

（2）DL/T 964—2005《循环流化床锅炉性能试验规程》。

（3）电力部电综〔1998〕179号《火电机组启动验收性能试验导则》。

（4）华西能源工业股份有限公司《锅炉说明书》。

（5）湛江生物质电厂2号机组锅炉有关资料与技术协议。

5.5 优化调整试验内容

（1）锅炉燃烧优化调整对锅炉性能影响试验：包括锅炉效率、空气预热器漏风率等。

（2）锅炉燃烧优化调整对污染物排放特性影响试验：主要是氮氧化物排放特性试验、CO 的排放特性。

（3）锅炉燃烧优化调整对生物质锅炉燃烧稳定性影响试验。

（4）锅炉燃烧优化调整对生物质锅炉生物质电厂锅炉热经济性影响。

5.6　优化调整试验工况说明

（1）燃料特性分析。通过对各种典型燃料进行燃料品质分析（包括工业分析及元素分析），了解各种常用生物质燃料的成分分布，为燃料优化调整提供基础数据支持。

（2）辅助性试验。利用网格法，标定空气预热器进出口烟温场、出入口烟道氧量场、表盘排烟温度、表盘氧量值等。

事先在炉膛出口、分离器出口安装温度测点，热态时测量炉膛进口、分离器出口烟窗温度场分布。

（3）习惯运行工况测试。在电负荷为 50MW 试验工况下，测量锅炉热效率、空气预热器漏风率及污染物排放。通过对习惯性运行工况进行摸底测试，了解锅炉机组运行状态及特性，并以此为调整试验相对比较基准，为燃烧优化调整提供基础数据支持。

另外，利用此工况对空气预热器进出口烟道的氧量场、温度场进行测量，确定烟气氧量及温度多孔代表点。

（4）一次风、二次风率调整。在习惯运行工况的基础上，电负荷 50MW，维持总风量稳定，调整一次风、二次风配比，暂定一次风量:二次风量为 5.5:4.5、5:5、4.5:5.5；测量锅炉热效率、空气预热器漏风率以及污染物排放，通过改变一次风、二次风配比，对炉内燃烧氛围进行调整，提高燃烧效率。

（5）燃烧氧量调整。锅炉高中低三个负荷段（暂定 40、45、50MW），以表盘省煤器出口氧量为变化参数，在运行氧量的基础上，氧量上下变动各 2～3 个工况点，通过改变二次风量实现总风量变化，以确定锅炉的最佳过量空气系数。在保证锅炉正常、安全运行的基础上，确定不同负荷和燃料的最佳控制氧量，得出不同负荷和燃料下的最佳氧量控制曲线。

（6）二次风配风方式调整。电负荷 50MW，维持氧量稳定，调整上、下二次风挡板配比，暂定为上、下层二次风门全开，上层 50%、下层 100%，上层 100%、下层 50%；测量锅炉热效率、空气预热器漏风率以及污染物排放。通过改变上、下二次风配比，对炉内燃烧氛围进行调整，提高燃烧效率。

（7）床压调整。在习惯运行工况的基础上，电负荷 50MW，调整锅炉运行床压，暂定试验床压为 7、8、9、10kPa；测量锅炉热效率、空气预热器漏风率以及厂用电率；通过改变运行床压，找出最佳运行床压，保证锅炉机组的安全性运行。

（8）最佳燃烧工况。按上述单因素变化试验最佳结果进行组合，进行综合性最佳燃烧工况试验，该项试验在 50、45MW 和 40MW 负荷下进行；测量锅炉热效率、空气预热器漏风率以及污染物排放。

（9）实际试验工况。实际试验工况见表 5-4，分别测量锅炉热效率及其他参数。每个工况测试前稳定时间为 1h，测试时间 1.5~2.5h。

表 5-4　　　　　　　　　　实 际 试 验 工 况

工况	试验时间	名称	负荷（MW）	测量参数
工况 1	11 月 5 日 15:30~18:00	习惯性工况测试	45	负荷 45MW，一次风量 8.5 万 m³/h，二次风量 10 万 m³/h，床压 8~8.5kPa；上、下二次风门手动风门开度 100%：100%
工况 2	11 月 6 日 08:30~10:00	习惯性工况测试	50	负荷 50MW，一次风量 8.5 万 m³/h，二次风量 11 万 m³/h，床压 8~8.5kPa；上、下二次风门手动风门开度 100%：100%
工况 3	11 月 6 日 10:15~11:45	氧量寻优	50	负荷 50MW，一次风量 9 万 m³/h，二次风量 11 万 m³/h，床压 8~8.5kPa；上、下二次风门手动风门开度 100%：100%
工况 4	11 月 6 日 14:15~15:45	氧量寻优	50	负荷 50MW，一次风量 9 万 m³/h，二次风量 11.5 万 m³/h，床压 8~8.5kPa；上、下二次风门手动风门开度 100%：100%
工况 5	11 月 6 日 16:00~18:00	氧量寻优	50	负荷 50MW，一次风量 9.5 万 m³/h，二次风量 11.5 万 m³/h，床压 8~8.5kPa；上、下二次风门手动风门开度 100%：100%
工况 6	11 月 7 日 14:15~15:45	一次风、二次风比例	50	负荷 50MW，一次风量 10 万 m³/h，二次风量 10 万 m³/h，床压 8~8.5kPa；上、下二次风门手动风门开度 100%：100%
工况 7	11 月 7 日 16:00~18:00	一次风、二次风比例	50	负荷 50MW，一次风量 11 万 m³/h，二次风量 9 万 m³/h，床压 8~8.5kPa；上、下二次风门手动风门开度 100%：100%
工况 8	11 月 8 日 10:00~11:30	床压调整试验（7kPa）	50	负荷 50MW，一次风量 9.5 万 m³/h，二次风量 11.5 万 m³/h，床压 7~7.5kPa；上、下二次风门手动风门开度 100%：100%
工况 9	11 月 8 日 13:50~15:20	床压调整试验（8kPa）	50	负荷 50MW，一次风量 9.5 万 m³/h，二次风量 11.5 万 m³/h，床压 8~8.5kPa；上、下二次风门手动风门开度 100%：100%
工况 10	11 月 8 日 16:00~18:00	床压调整试验（9kPa）	50	负荷 50MW，一次风量 9.5 万 m³/h，二次风量 11.5 万 m³/h，床压 9~9.5kPa；上、下二次风门手动风门开度 100%：100%
工况 11	11 月 9 日 15:00~16:30	氧量寻优	45	负荷 45MW，一次风量 8.5 万 m³/h，二次风量 9.5 万 m³/h，床压 8~8.5kPa；上、下二次风门手动风门开度 100%：100%

续表

工况	试验时间	名称	负荷（MW）	测量参数
工况 12	11 月 9 日 17:00～18:30	氧量寻优	45	负荷 45MW，一次风量 8.5 万 m³/h，二次风量 10.5 万 m³/h，床压 8～8.5kPa；上、下二次风门手动风门开度 100%：100%
工况 13	11 月 10 日 10:00～11:30	一次风、二次风比例	45	负荷 50MW，一次风量 9 万 m³/h，二次风量 9 万 m³/h，床压 8～8.5kPa；上、下二次风门手动风门开度 100%：100%
工况 14	11 月 10 日 14:20～15:45	一次风、二次风比例	45	负荷 45MW，一次风量 8 万 m³/h，二次风量 10 万 m³/h，床压 8～8.5kPa；上、下二次风门手动风门开度 100%：100%
工况 15	11 月 10 日 16:00～17:30	氧量寻优	40	负荷 40MW，一次风量 8.5 万 m³/h，二次风量 9 万 m³/h，床压 8～8.5kPa；上、下二次风门手动风门开度 100%：100%
工况 16	11 月 11 日 09:15～10:30	一次风、二次风比例	45	负荷 45MW，一次风量 10 万 m³/h，二次风量 8.5 万 m³/h，床压 8～8.5kPa；上、下二次风门手动风门开度 100%：100%
工况 17	11 月 11 日 10:45～12:00	氧量寻优	45	负荷 45MW，一次风量 9.2 万 m³/h，二次风量 9.5 万 m³/h，床压 8～8.5kPa；上、下二次风门手动风门开度 100%：100%
工况 18	11 月 11 日 14:15～15:45	习惯性工况	40	负荷 40MW，一次风量 8 万 m³/h，二次风量 8.5 万 m³/h，床压 8～8.5kPa；上、下二次风门手动风门开度 100%：100%
工况 19	11 月 11 日 16:00～18:00	氧量寻优	40	负荷 40MW，一次风量 8 万 m³/h，二次风量 10 万 m³/h，床压 8～8.5kPa；上、下二次风门手动风门开度 100%：100%
工况 20	11 月 12 日 13:50～15:40	二次风配风（60%：100%）	50	负荷 50MW，一次风量 9.5 万 m³/h，二次风量 11.5 万 m³/h，床压 8～8.5kPa；上、下二次风门手动风门开度 60%：100%
工况 21	11 月 12 日 16:00～17:45	二次风配风（100%：60%）	50	负荷 50MW，一次风量 9.5 万 m³/h，二次风量 11.5 万 m³/h，床压 8～8.5kPa；上、下二次风门手动风门开度 60%：100%
工况 22	11 月 13 日 10:30～12:00	燃料配比（碎树皮、散树皮 60%～65%）	47	负荷 47MW，一次风量 8.5 万 m³/h，二次风量 10.5 万 m³/h，床压 8～8.5kPa；上、下二次风门手动风门开度 100%：100%
工况 23	11 月 13 日 15:30～17:00	燃料配比（碎树皮、散树皮 70%～75%）	50	负荷 50MW，一次风量 8.5 万 m³/h，二次风量 10.5 万 m³/h，床压 8～8.5kPa；上、下二次风门手动风门开度 100%：100%
工况 24	11 月 14 日 10:00～12:00	输料风、播料风调整试验（风门开度 80%）	50	负荷 50MW，一次风量 9.5 万 m³/h，二次风量 11.5 万 m³/h，床压 8～8.5kPa；输料、播料风总门开度 100%，输料、播料风母管风压约 4kPa
工况 25	11 月 14 日 13:30～15:10	输料风、播料风调整试验（风门开度 60%）	50	负荷 50MW，一次风量 9.5 万 m³/h，二次风量 11.5 万 m³/h，床压 8～8.5kPa；输料、播料风总门开度 80%，输料、播料风母管风压约 3kPa
工况 26	11 月 14 日 15:20～17:00	输料风、播料风调整试验（风门开度 100%）	50	负荷 50MW，一次风量 9.5 万 m³/h，二次风量 11.5 万 m³/h，床压 8～8.5kPa；输料、播料风总门开度 100%，输料、播料风母管风压约 5kPa

5.7 测试内容及方法

（1）送风温度、空气湿度及大气压：用干、湿球温度计在送风机入口测量送风温度及空气湿度，用大气压力表测取大气压，试验时每 15min 测量记录一次，取平均值。

（2）飞灰取样：用等速飞灰取样装置在布袋除尘器前进行取样，在烟道上选取 2～3 个孔进行取样，各测孔的灰样混合后进行分析。

（3）炉渣取样：从冷渣机出口取渣样，试验前排空渣仓，每工况取样一次，渣送电厂化验炉渣可燃物。

（4）表盘数据记录：试验期间每 15min 记录一次。

（5）入炉燃料取样：生物质燃料取样位置在炉前给料料仓处，试验期间对所有投运螺旋给料机前进行取样，所采样品将被及时放入密封容器。

（6）空气预热器进、出口烟气成分分析：空气预热器进、出口烟气成分分析取样在省煤器出口、空气预热器出口，主要分析 CO、CO_2、O_2，采用网格法，空气预热器进口网格为 11（孔）×3（点）×1（烟道），空气预热器出口网格为 8（孔）×3（点）×1（烟道）。

（7）空气预热器进、出口烟温度测量：空气预热器进口烟温在空气预热器进口测试，采用网格法，网格为 11（孔）×3（点）×1（烟道）；排烟温度测量在空气预热器出口进行，采用网格法，网格为 8（孔）×3（点）×1（烟道）。每侧空气预热器出口平均烟气温度取测量点的算术平均值。

测量一次仪表为空气预热器进口为 K 型热电偶，出口为 T 型热电偶，二次仪表为FLUKE 测温仪。

（8）污染物排放测量：染物排放测量在空气预热器出口进行，采用网格法进行；空气预热器出口网格为 8（孔）×3（点）×1（烟道）；测量锅炉排烟主蒸汽压力 NO_x、CO 等。

（9）炉膛出口温度场测量：利用事先安装的温度测点，对炉膛进口温度场进行测量。

（10）分离器出口温度场测量：利用事先安装的温度测点，对分离器出口温度场进行测量。

（11）运行数据记录：由运行人员打印或记录表盘主要运行数据，每 15 分钟记录一次，数据记录表格另附，结果取各次记录的算术平均值。

（12）试验仪表：试验主要仪器设备见表 5-5。

表 5-5　　　　　　　　　　　试 验 主 要 仪 器 设 备

仪器设备名称	精度	数量	用途
FLUKE 温度测定仪	1%	2 套	烟气温度测量
IMP 数采系统	—	1 套	烟气温度测量
K 型热电偶	0.75%	40 根	空气预热器进口烟气温度测量
T 型热电偶	0.75%	40 根	空气预热器出口烟气温度测量
等速飞灰取样仪	—	2 套	飞灰取样
DYM3 空盒气压表	1.0%	1 只	大气压测量
微压计	1.0%	2	测量动压、全压
靠背管	1.0%	2	测量动压、全压
烟气分析小车	1.0%	2	测量氧量等烟气成分
红外高温仪	1%	1	测量炉膛温度
飞灰取样枪	—	2	抽取飞灰
烟气分析仪	—	1	测量锅炉排烟 CO、主蒸汽压力 NO_x
胶带、工具等	—	—	—

5.8　有 关 计 算 说 明

5.8.1　热效率试验

（1）热效率计算标准：采用 GB/T 10184—2015《电站锅炉性能试验规程》标准。

（2）散热损失：采用 GB/T 10184—2015《电站锅炉性能试验规程》计算。

（3）灰渣比例：采用设计值。

（4）锅炉试验热效率将修正到设计煤质下的锅炉热效率，当环境温度偏离设计值时，也将对热损失进行必要的修正。

（5）参考基准温度：采用设计值。

（6）空气预热器进口风温取风机出口风温的风量加权平均值，风量取表盘数据。

5.8.2 空气预热器漏风试验

空气预热器漏风率 AL 计算：

$$AL(\%) = (\alpha'' - \alpha')/\alpha' \times 90\%$$

式中　　α'——入口过量空气系数；

　　　　α''——出口过量空气系数。

5.9　试验结果及分析

5.9.1　基础工况测试

在电负荷为 40、45、50MW 试验工况下，测量锅炉热效率、空气预热器漏风率及污染物排放；通过对习惯性运行工况进行摸底测试，了解锅炉机组运行状态及特性，并以此为调整试验相对比较基准，为燃烧优化调整提供基础数据支持。基础工况情况见表 5-6。

表 5-6　　　　　　　　　　基础工况情况

名称	单位	工况 1	工况 2	工况 15
负荷	MW	42.88	50.08	41.08
床温（床中）	℃	723.37/684.09	739.51/689.65	726.96/676.27
一次风流量（标准状态）	km³/h	85.99	84.92	88.83
二次风流量（标准状态）	km³/h	81.22	110.77	83.26
主蒸汽流量	t/h	166.90	195.74	158.86
主蒸汽压力	MPa	6.78/6.83	7.58/7.63	6.28/6.32
主蒸汽温度	℃	536.97	536.91	533.59
一级减温水流量（A/B）	t/h	3.65/3.72	4.26/4.29	2.42/1.97
二级减温水流量（A/B）	t/h	3.08/4.02	4.95/4.54	2.38/3.12
空气预热器前烟温	℃	243.5	252.5	251.3
空气预热器入口氧量	%	4.82	4.23	5.54
空气预热器出口氧量	%	6.02	5.33	6.65
空气预热器漏风率	%	7.16	6.34	6.96
排烟温度	℃	148.40	155.88	143.14

续表

名称	单位	工况 1	工况 2	工况 15
排烟温度（风温修正）	℃	146.29	153.39	139.46
飞灰可燃物	%	2.02	1.04	2.83
底渣可燃物	%	0.46	0.09	0.00
CO	mg/m³	13825.7375	13825.7375	13825.7375
机械不完全燃烧损失	%	0.593	0.290	0.501
排烟热损失	%	10.215	10.481	10.999
锅炉散热损失	%	1.225	1.044	1.286
灰渣物理热损失	%	0.524	0.567	0.378
化学未完全燃烧热损失	%	6.575	7.529	5.311
锅炉热效率	%	80.869	80.089	81.524
送风修正后锅炉热效率	%	80.705	79.898	81.235
燃料修正后锅炉热效率	%	84.349	83.686	84.532
NO 排放	mg/m³	83.8706	70.685	76.313
标准状态下主蒸汽压力 NO_x 排放（6%氧）	mg/m³	125.24	101.82	119.22
风机计算功率	kW	2673.61	2889.65	2617.75
风机厂用电率	%	6.23	5.77	6.37

5.9.2　一次风、二次风风率调整

1. 50MW 时一次风、二次风风率调整

在习惯运行工况的基础上，电负荷 50MW，维持总风量稳定，调整一次、二次风配比。根据现场运行实际情况进行了三个风量配比试验，一次风量:二次风量分别为 4.5:5.5、5.0:5.0、5.5:4.5；测量锅炉热效率、空气预热器漏风率以及污染物排放；通过改变一次、二次风配比，对炉内燃烧氛围进行调整，提高燃烧效率。一次风、二次风配比调整时锅炉效率及相关数据见 5-7。

表 5-7　　　　　　　　　一次、二次风风率调整情况

名称	单位	工况 3	工况 6	工况 7
负荷	MW	49.40	49.97	50.52

续表

名称	单位	工况 3	工况 6	工况 7
一次风:二次风	—	4.5:5.5	5.0:5.0	5.5:4.5
床温（床中）	℃	732.56/683.34	744.10/706.06	759.74/731.20
标准状态下一次风流量	km³/h	84.70	101.42	107.61
标准状态下二次风流量	km³/h	112.35	100.95	94.51
主蒸汽流量	t/h	193.62	195.59	197.61
主蒸汽压力	MPa	7.50/7.55	7.59/7.65	7.67/7.72
主蒸汽温度	℃	536.39	537.31	536.47
一级减温水流量（A/B）	t/h	4.34/3.64	4.46/4.57	4.67/4.21
二级减温水流量（A/B）	t/h	4.67/4.48	3.97/5.07	4.69/4.81
空气预热器前烟温	℃	261.1	265.9	265.8
空气预热器入口氧量	%	4.28	4.48	4.90
空气预热器出口氧量	%	5.61	5.68	6.11
空气预热器漏风率	%	7.78	7.03	7.32
排烟温度	℃	158.34	151.82	152.82
修正后排烟温度	℃	155.07	147.63	149.10
飞灰可燃物	%	2.13	7.09	2.29
底渣可燃物	%	0.12	0.00	1.16
CO	mg/m³	14404.0875	14404.0875	14404.0875
机械不完全燃烧损失	%	0.400	1.693	0.959
排烟热损失	%	9.898	9.587	10.423
锅炉散热损失	%	1.056	1.045	1.034
灰渣物理热损失	%	0.389	0.494	0.611
化学未完全燃烧热损失	%	6.178	4.756	3.042
锅炉热效率	%	82.079	82.425	83.931
送风修正后锅炉热效率	%	81.857	82.159	83.674
燃料修正后锅炉热效率	%	85.053	85.354	87.221
NO	mg/m³	86.497	95.6224	105.19
标准状态主蒸汽压力 NO_x 排放（6%氧）	mg/m³	124.95	139.85	157.85
风机计算功率	kW	2867.43	2917.36	2952.14
风机厂用电率	%	5.81	5.84	5.84

在锅炉运行状况稳定，总风量一定的情况下，对一次、二次风风率进行调整，由试验结果如图 5-1 所示的一次风、二次风风率对主蒸汽压力 NO_x 及锅炉效率影响规律可知：一次风:二次风为 5.5:4.5 的工况经济性最好，主蒸汽压力 NO_x 排放相对最高，主要原因是一次风加大了炉膛密相区扰动，有利于燃料与床料的混合，尤其是燃料水分偏高时，有利于燃料在炉内的燃烧。因此，在保证床温正常的基础上，在保证主蒸汽压力 NO_x 排放的情况下，可适当提高一次风比率，有利于锅炉经济性运行。提高一次风比率时，不可避免的是风机电耗会增大，从试验数据来看，一次风:二次风为 5.5:4.5 的工况与一次风:二次风为 4.5:5.5 的工况对比而言，锅炉效率增加 2.168%（绝对值），风机计算功率增加 84.71kW，计算厂用电率增加 0.03%（绝对值），一次风:二次风为 5.5:4.5 的工况经济性明显更高。

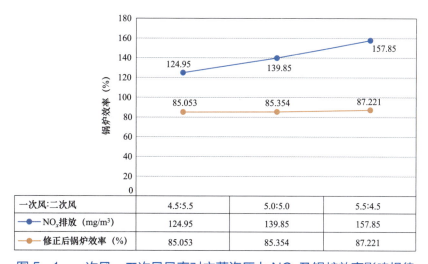

一次风:二次风	4.5:5.5	5.0:5.0	5.5:4.5
—●— NO_x 排放（mg/m³）	124.95	139.85	157.85
—●— 修正后锅炉效率（%）	85.053	85.354	87.221

图 5-1　一次风、二次风风率对主蒸汽压力 NO_x 及锅炉效率影响规律

2. 45MW 时一次风、二次风风率调整

在习惯运行工况的基础上，电负荷 45MW，维持总风量稳定，调整一次风、二次风配比根据现场运行实际情况进行了三个风量配比试验，一次风量:二次风量分别为 4.5:5.5、5.0:5.0、5.5:4.5。测量锅炉热效率、空气预热器漏风率以及污染物排放。通过改变一次风、二次风配比，对炉内燃烧氛围进行调整，提高燃烧效率。一次风、二次风配比调整时锅炉效率及相关数据见表 5-8。

表 5-8　　　　一次风、二次风配比调整时锅炉效率及相关数据

名称	单位	工况 13	工况 14	工况 16
负荷	MW	44.24	44.01	45.39
一次风:二次风	—	4.5:5.5	5.0:5.0	5.5:4.5
床温（床中）	℃	746.04/642.27	737.05/680.56	737.01/706.35
标准状态下一次风流量	km³/h	79.73	88.83	100.92
标准状态下二次风流量	km³/h	99.10	89.26	86.05
主蒸汽流量	t/h	171.15	170.93	175.53
主蒸汽压力	MPa	6.69/6.74	6.68/6.73	6.85/6.90
主蒸汽温度	℃	536.14	536.38	537.08
一级减温水流量（A/B）	t/h	3.16/1.76	2.60/2.38	3.41/3.12
二级减温水流量（A/B）	t/h	4.20/1.94	3.22/3.49	3.80/4.12
空气预热器前烟温	℃	251.6	255.0	259.4
空气预热器入口氧量	%	5.42	5.53	5.51
空气预热器出口氧量	%	6.50	6.64	6.66
空气预热器漏风率	%	6.73	6.98	7.20
排烟温度	℃	145.59	147.53	144.87
修正后排烟温度	℃	142.09	143.48	142.13
飞灰可燃物	%	2.67	2.21	3.07
底渣可燃物	%	0.46	0.12	0.06
CO	mg/m³	7643.0125	7643.0125	7643.0125
机械不完全燃烧损失	%	0.517	0.342	0.489
排烟热损失	%	11.030	10.902	11.288
锅炉散热损失	%	1.194	1.196	1.164
灰渣物理热损失	%	0.357	0.316	0.335
化学未完全燃烧热损失	%	4.332	4.178	3.982
锅炉热效率	%	82.570	83.067	82.741
送风修正后锅炉热效率	%	82.289	82.755	82.535
燃料修正后锅炉热效率	%	85.585	85.918	86.142
NO	mg/m³	87.2474	103.6624	115.3338

续表

名称	单位	工况 13	工况 14	工况 16
标准状态主蒸汽压力 NO_x 排放（6%氧）	mg/m³	135.28	161.87	179.89
风机计算功率	kW	2610.04	2658.24	2803.44
风机厂用电率	%	5.90	6.04	6.18

在锅炉运行状况稳定，总风量一定的情况下，对一次风、二次风风率进行调整，由试验结果如图 5-2 所示可见一次风、二次风风率调整对主蒸汽压力 NO_x 及锅炉效率关系：一次风:二次风为 5.0:5.0 的工况比一次风:二次风为 4.5:5.5 的工况经济性好，主要原因是一次风加大了炉膛密相区扰动，有利于燃料与床料的混合，尤其是燃料水分偏高时，有利于燃料在炉内的燃烧；但是，加大一次风时，主蒸汽压力 NO_x 排放量增大，因此在保证床温及主蒸汽压力 NO_x 排放正常的基础上，可适当提高一次风比率，有利于锅炉经济性运行；提高一次风比率时，不可避免的是风机电耗会增大，从试验数据来看，一次风:二次风为 5.5:4.5 的工况与一次风:二次风为 4.5:5.5 的工况对比而言，锅炉效率增加 0.557%（绝对值），风机计算功率增加 193.40kW，计算厂用电率增加 0.28%（绝对值），一次风:二次风为 5.5:4.5 的工况经济性相对较高。

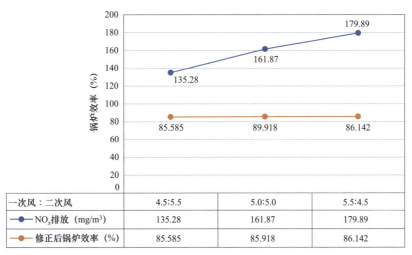

一次风：二次风	4.5:5.5	5.0:5.0	5.5:4.5
NO_x 排放（mg/m³）	135.28	161.87	179.89
修正后锅炉效率（%）	85.585	85.918	86.142

图 5-2　一次风、二次风风率调整对主蒸汽压力 NO_x 及锅炉效率关系

5.9.3 燃烧氧量调整

1. 50MW 时燃烧氧量调整

由于锅炉厂提供的氧量参考值是理论值，针对电厂实际燃用的燃料特质可能存在偏差，因此需要通过燃烧氧量优化，寻找出相对最佳的实际运行氧量曲线；通过改变燃烧氧量，对炉内燃烧氛围进行调整，寻求最佳过量空气系数，根据实际运行情况，并与设计氧量对比，试验共进行了 4 个工况进行床温调整，由于燃烧氧量变化比较大，用不同的风量调整来判别氧量变化，燃烧氧量调整时锅炉效率及相关数据见表 5-9。

表 5-9　　　　　　燃烧氧量调整时锅炉效率及相关数据

名称	单位	工况 2	工况 3	工况 4	工况 5
负荷	MW	50.08	49.40	50.12	48.78
标准状态下一次风流量	km³/h	84.92	84.70	88.05	90.93
标准状态下二次风流量	km³/h	110.77	112.35	115.25	117.04
主蒸汽流量	t/h	195.74	193.62	196.48	190.60
主蒸汽压力	MPa	7.58/7.63	7.50/7.55	7.69/7.74	7.43/7.48
主蒸汽温度	℃	536.91	538.68	538.05	537.31
一级减温水流量（A/B）	t/h	4.26/4.29	4.34/3.64	4.40/3.72	4.04/3.77
二级减温水流量（A/B）	t/h	4.95/4.54	4.67/4.48	3.60/4.68	3.57/4.90
空气预热器前烟温	℃	252.5	261.1	269.5	264.0
空气预热器入口氧量	%	4.23	4.28	4.44	4.99
空气预热器出口氧量	%	5.33	5.61	5.69	6.17
空气预热器漏风率	%	6.34	7.78	7.40	7.12
排烟温度	℃	155.88	158.34	155.27	154.68
送风修正后排烟温度	℃	153.39	155.07	151.07	151.45
飞灰可燃物	%	1.04	2.13	3.27	2.21
底渣可燃物	%	0.09	0.12	0.13	0.10
CO	mg/m³	16472.0125	16472.0125	16472.0125	16472.0125

续表

名称	单位	工况 2	工况 3	工况 4	工况 5
机械不完全燃烧损失	%	0.290	0.400	0.980	0.657
排烟热损失	%	10.481	9.898	10.542	11.069
锅炉散热损失	%	1.044	1.056	1.040	1.072
灰渣物理热损失	%	0.567	0.389	0.621	0.621
化学未完全燃烧热损失	%	7.529	6.178	4.682	4.035
锅炉热效率	%	80.089	82.079	82.134	82.546
送风修正后锅炉热效率	%	79.898	81.857	81.854	82.313
燃料修正后锅炉热效率	%	83.686	85.053	85.795	86.359
NO	mg/m³	70.685	70.685	86.497	103.9706
标准状态主蒸汽压力 NO_x 排放（6%氧）	mg/m³	101.82	124.95	151.61	172.43
风机计算功率	kW	2889.65	2867.43	2881.56	2898.20
风机厂用电率	%	5.77	5.81	5.75	5.94

在锅炉运行状况稳定，由于燃料及风机出力的关系，在风机出力及床温不超限的情况下对锅炉燃烧氧量进行调整，由试验结果如图 5-3 所示的氧量调整及主蒸汽压力 NO_x 及锅炉效率的关系和如图 5-4 所示的氧量调整与风机电耗的关系可见：在设计氧量范围内，燃

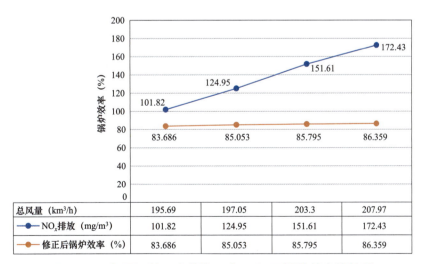

总风量（km³/h）	195.69	197.05	203.3	207.97
NO_x 排放（mg/m³）	101.82	124.95	151.61	172.43
修正后锅炉效率（%）	83.686	85.053	85.795	86.359

图 5-3　氧量调整及主蒸汽压力 NO_x 及锅炉效率的关系

烧氧量越高，锅炉效率越高，四个工况对比，锅炉效率增加 2.673%（绝对值）；风机厂用电率也越高，四个工况对比，风机厂用电率增加 0.17%（绝对值）；主蒸汽压力 NO_x 排放也越高，四个工况对比，主蒸汽压力 NO_x 排放（6%氧）升高 70.61mg/m³（标准状态，绝对值）。综合经济性及环保排放指标，建议运行过程中适当提高一次风、二次风总风量，尽量控制在 200~210km³/h（标准状态）。

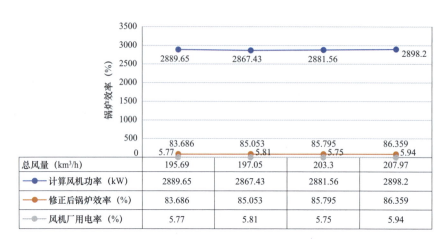

总风量 （km³/h）	195.69	197.05	203.3	207.97
━●━ 计算风机功率 （kW）	2889.65	2867.43	2881.56	2898.2
━●━ 修正后锅炉效率 （%）	83.686	85.053	85.795	86.359
━●━ 风机厂用电率 （%）	5.77	5.81	5.75	5.94

图 5-4　氧量调整与风机电耗的关系

2. 45MW 时燃烧氧量调整

由于锅炉厂提供的氧量参考值是理论值，针对电厂实际燃用的燃料特质可能存在偏差，因此需要通过燃烧氧量优化，寻找出相对最佳的实际运行氧量曲线；通过改变燃烧氧量，对炉内燃烧氛围进行调整，寻求最佳过量空气系数，根据实际运行情况，并与设计氧量对比，试验共进行了 4 个工况进行床温调整，由于燃烧氧量变化比较大，用不同的风量调整来判别氧量变化，燃烧氧量调整时锅炉效率及相关数据见表 5-10。

表 5-10　　　　　　　　燃烧氧量调整时锅炉效率及相关数据

名称	单位	工况 1	工况 11	工况 12	工况 17
负荷	MW	42.88	43.17	44.69	44.71
标准状态下一次风流量	km³/h	85.99	84.64	84.74	93.34
标准状态下二次风流量	km³/h	81.22	89.30	95.5	84.60

续表

名称	单位	工况 1	工况 11	工况 12	工况 17
主蒸汽流量	t/h	166.90	167.03	172.87	173.33
主蒸汽压力	MPa	6.78/6.83	6.51/6.55	6.73/6.77	6.77/6.82
主蒸汽温度	℃	536.97	535.76	536.09	535.52
一级减温水流量（A/B）	t/h	3.65/3.72	2.80/2.87	3.03/3.09	2.44/3.20
二级减温水流量（A/B）	t/h	3.08/4.02	3.75/2.53	4.23/2.95	3.81/3.51
空气预热器前烟温	℃	243.5	249.2	257.7	259.1
空气预热器入口氧量	%	4.82	4.93	4.56	5.55
空气预热器出口氧量	%	6.02	6.06	5.90	6.87
空气预热器漏风率	%	7.16	6.80	8.00	8.37
排烟温度	℃	148.40	145.13	151.35	151.31
送风修正后排烟温度	℃	146.29	141.97	147.98	148.25
飞灰可燃物	%	2.02	3.93	3.64	3.78
底渣可燃物	%	0.46	0.00	0.29	0.23
CO	mg/m³	13825.7375	13825.7375	13825.7375	13825.7375
机械不完全燃烧损失	%	0.593	0.962	0.688	1.007
排烟热损失	%	10.215	11.118	11.167	12.616
锅炉散热损失	%	1.225	1.224	1.182	1.179
灰渣物理热损失	%	0.524	0.519	0.377	0.540
化学未完全燃烧热损失	%	6.575	5.527	3.838	3.242
锅炉热效率	%	80.869	80.650	82.748	81.417
送风修正后锅炉热效率	%	80.705	80.384	82.475	81.146
燃料修正后锅炉热效率	%	84.349	83.637	85.753	85.081
NO	mg/m³	83.8706	90.785	92.0982	96.3326
标准状态下主蒸汽压力 NO_x 排放（6%氧）	mg/m³	125.24	136.47	135.33	150.62
风机计算功率	kW	2673.61	2587.67	2670.25	2678.67
风机厂用电率	%	6.23%	5.99%	5.97%	5.99%

在锅炉运行状况稳定，由于燃料及风机出力的关系，在风机出力及床温不超限的情况下对锅炉燃烧氧量进行调整，由试验结果如图 5-5 和图 5-6 所示的氧量调整及主蒸汽压力 NO_x 及锅炉效率的关系和氧量调整与风机电耗的关系可见：在设计氧量范围内，燃烧氧量越高，锅炉效率越高，四个工况对比，锅炉效率增加 2.116%（绝对值）；在设计氧量范围内，燃烧氧量越高，主蒸汽压力 NO_x 排放也越高，四个工况对比，主蒸汽压力 NO_x 排放（6%氧）升高 25.38mg/m³（标准状态下，绝对值）。综合经济性及环保排放指标，建议运行过程中适当提高一次风、二次风总风量，尽量控制在 $170\sim185km^3/h$。

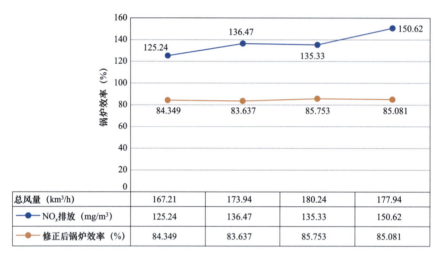

总风量（km³/h）	167.21	173.94	180.24	177.94
NO_x 排放（mg/m³）	125.24	136.47	135.33	150.62
修正后锅炉效率（%）	84.349	83.637	85.753	85.081

图 5-5　氧量调整及主蒸汽压力 NO_x 及锅炉效率的关系

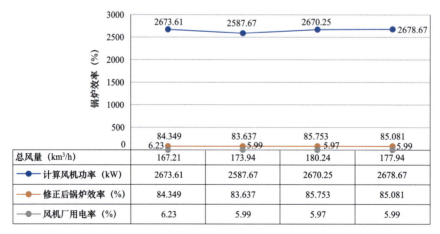

总风量（km³/h）	167.21	173.94	180.24	177.94
计算风机功率（kW）	2673.61	2587.67	2670.25	2678.67
修正后锅炉效率（%）	84.349	83.637	85.753	85.081
风机厂用电率（%）	6.23	5.99	5.97	5.99

图 5-6　氧量调整与风机电耗的关系

3. 40MW 时燃烧氧量调整

由于锅炉厂提供的氧量参考值是理论值,针对电厂实际燃用的燃料特质可能存在偏差,因此需要通过燃烧氧量优化,寻找出相对最佳的实际运行氧量曲线。通过改变燃烧氧量,对炉内燃烧氛围进行调整,寻求最佳过量空气系数,根据实际运行情况,并与设计氧量对比,试验共进行了 3 个工况进行床温调整,由于燃烧氧量变化比较大,用不同的风量调整来判别氧量变化,燃烧氧量调整时锅炉效率及相关数据见表 5－11。

表 5－11　　　　　　　燃烧氧量调整时锅炉效率及相关数据

名称	单位	工况 15	工况 18	工况 19
负荷	MW	41.08	39.85	41.05
床温（床中）	℃	726.96/676.27	733.94/679.92	731.90/677.35
标准状态下一次风流量	km³/h	88.83	83.20	83.47
标准状态下二次风流量	km³/h	83.26	67.23	82.71
主蒸汽流量	t/h	158.86	153.11	157.40
主蒸汽压力	MPa	6.28/6.32	6.66/6.70	6.96/7.00
主蒸汽温度	℃	533.59	537.35	536.42
一级减温水流量（A/B）	t/h	2.42/1.97	2.01/2.41	1.98/2.46
二级减温水流量（A/B）	t/h	2.38/3.12	1.29/2.43	1.99/3.28
空气预热器前烟温	℃	251.3	251.4	256.8
空气预热器入口氧量	%	5.54	4.29	4.56
空气预热器出口氧量	%	6.65	5.42	5.78
空气预热器漏风率	%	6.96	6.53	7.23
排烟温度	℃	143.14	144.46	146.35
送风修正后排烟温度	℃	139.46	140.88	143.38
飞灰可燃物	%	2.83	3.53	4.17
底渣可燃物	%	0.00	0.02	0.31
CO	mg/m³	9137.3	9137.3	9137.3
机械不完全燃烧损失	%	0.501	1.099	1.006
排烟热损失	%	10.999	11.221	11.306

续表

名称	单位	工况 15	工况 18	工况 19
锅炉散热损失	%	1.286	1.335	1.298
灰渣物理热损失	%	0.378	0.658	0.479
化学未完全燃烧热损失	%	5.311	4.332	4.009
锅炉热效率	%	81.524	81.355	81.901
送风修正后锅炉热效率	%	81.235	81.061	81.665
燃料修正后锅炉热效率	%	84.532	84.672	85.604
NO	mg/m³	56.95	66.07	74.70
标准状态下主蒸汽压力 NO_x 排放（6%氧）	mg/m³	119.22	127.97	147.05
风机计算功率	kW	2617.75	2476.57	2546.39
风机厂用电率	%	6.37	6.21	6.20

在锅炉运行状况稳定，由于燃料及风机出力的关系，在风机出力及床温不超限的情况下对锅炉燃烧氧量进行调整，由试验结果如图 5-7 所示的氧量调整及主蒸汽压力 NO_x 及锅炉效率的关系可见：在设计氧量范围内，燃烧氧量越高，锅炉效率越高，四个工况对比，锅炉效率增加 1.072%（绝对值）；在设计氧量范围内，燃烧氧量越高，主蒸汽压力 NO_x 排放也越高，四个工况对比，主蒸汽压力 NO_x 排放（6%氧）升高 27.83mg/m³（标准状态下，绝对值）。综合经济性及环保排放指标，建议运行过程中适当提高一次风、二次风总风量，尽量控制在 160~170km³/h（标准状态）。

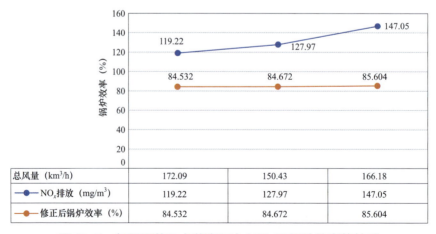

图 5-7　氧量调整及主蒸汽压力 NO_x 及锅炉效率的关系

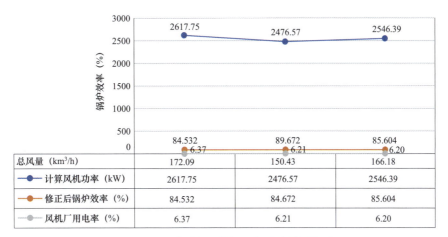

总风量（km³/h）	172.09	150.43	166.18
计算风机功率（kW）	2617.75	2476.57	2546.39
修正后锅炉效率（%）	84.532	84.672	85.604
风机厂用电率（%）	6.37	6.21	6.20

图 5-8　氧量调整与风机电耗的关系

5.9.4　二次风配风方式调整

在习惯运行工况的基础上，电负荷 50MW，维持氧量基本稳定，调整上、下二次风挡板配比，对炉内燃烧氛围进行调整，改变燃烧效率及污染物排放。试验过程中共进行 3 个工况：上、下层二次风门比例分别为 60%:100%、100%:100%、100%:60%。测量锅炉热效率、空气预热器漏风率以及污染物排放。上、下二次风配风方式调整时锅炉效率及污染物排放等相关数据见表 5-12。

表 5-12　上、下二次风配风方式调整时锅炉效率及污染物排放等相关数据

名称	单位	工况 4	工况 20	工况 21
负荷	MW	50.12	50.16	49.25
二次风配风方式	%	100:100	60:100	100:60
标准状态下一次风流量	km³/h	88.05	93.68	93.32
标准状态下二次风流量	km³/h	115.25	112.24	105.87
主蒸汽流量	t/h	196.48	195.42	191.26
主蒸汽压力	MPa	7.69/7.74	7.66/7.71	7.51/7.46
主蒸汽温度	℃	538.05	534.74	535.77
一级减温水流量（A/B）	t/h	4.40/3.72	3.73/3.97	3.28/4.17
二级减温水流量（A/B）	t/h	3.60/4.68	3.92/4.55	5.12/3.13
空气预热器前烟温	℃	269.5	257.9	264.3
空气预热器入口氧量	%	4.44	4.00	4.02

续表

名称	单位	工况 4	工况 20	工况 21
空气预热器出口氧量	%	5.69	5.41	5.55
空气预热器漏风率	%	7.40	8.16	8.88
排烟温度	℃	155.27	151.82	155.42
送风修正后排烟温度	℃	151.07	148.32	151.88
飞灰可燃物	%	3.27	3.74	5.00
底渣可燃物	%	0.13	0.03	0.39
CO	mg/m³	9835.425	9835.425	9835.425
机械不完全燃烧损失	%	0.980	0.949	1.202
排烟热损失	%	10.542	11.506	11.023
锅炉散热损失	%	1.040	1.046	1.069
灰渣物理热损失	%	0.621	0.538	0.476
化学未完全燃烧热损失	%	4.682	3.731	3.414
锅炉热效率	%	82.134	82.231	82.816
送风修正后锅炉热效率	%	81.854	81.941	82.544
燃料修正后锅炉热效率	%	85.795	85.333	84.966
NO	mg/m³	64.55	100.27	79.23
标准状态主蒸汽压力 NO_x 排放（6%氧）	mg/m³	151.61	190.91	151.05
风机计算功率	kW	2881.56	2930.27	2912.02
风机厂用电率	%	5.75	5.84%	5.91%

在锅炉运行状况稳定，在维持一次风、二次风风机挡板基本不变的情况下，对锅炉上下二次风挡板进行调整，进行不同上下二次风配风试验。由试验结果如图 5-9

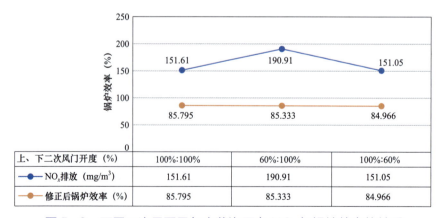

图5-9 不同二次风配风与主蒸汽压力 NO_x 与锅炉效率的关系

所示的不同二次风配风与主蒸汽压力 NO_x 与锅炉效率的关系可见：进行二次风上、下层风门调整实验时，对锅炉热效率影响不大，当上、下二次风风门均全开时锅炉效率略高；二次风手动风门上小下大时，主蒸汽压力 NO_x 排放浓度明显升高，比较容易排放超标。综合考虑经济性及污染物排放，在实际运行中建议将上、下二次风风门挡板均全开运行。

5.9.5　床压调整

在习惯运行工况的基础上，电负荷 50MW，维持氧量基本稳定，调整床压，对炉内燃烧氛围进行调整，测量锅炉热效率、空气预热器漏风率以及污染物排放；通过改变运行床压，找出最佳运行床压，保证锅炉机组的安全经济性运行。试验过程中共进行 3 个工况：7.0、8.0、9.0kPa，分别测量锅炉热效率、空气预热器漏风率以及污染物排放。表 5–13 为床压调整时锅炉效率等相关数据。

表 5–13　　　　　　　　　　床压调整时锅炉效率等相关情况

名称	单位	工况 8	工况 9	工况 10
负荷	MW	50.56	49.39	51.39
床压	kPa	7.01/6.99	8.08/8.06	8.62/8.60
床温（床中）	℃	760.66/701.77	742.70/696.76	747.27/703.19
标准状态下一次风流量	km³/h	96.44	94.74	95.36
标准状态下二次风流量	km³/h	106.80	109.22	110.29
主蒸汽流量	t/h	196.18	191.04	199.27
主蒸汽压力	MPa	7.62/7.67	7.44/7.50	7.75/7.80
主蒸汽温度	℃	535.45	535.20	535.91
一级减温水流量（A/B）	t/h	5.17/5.10	5.55/3.46	5.70/4.28
二级减温水流量（A/B）	t/h	3.85/4.21	3.93/4.08	4.49/4.10
空气预热器前烟温	℃	257.9	258.5	258.9
空气预热器入口氧量	%	4.05	3.80	4.00
空气预热器出口氧量	%	5.45	5.29	5.43
空气预热器漏风率	%	8.08	8.53	8.29
排烟温度	℃	145.73	149.09	154.57
送风修正后排烟温度	℃	142.63	145.59	151.60
飞灰可燃物	%	2.11	2.39	4.04

续表

名称	单位	工况 8	工况 9	工况 10
底渣可燃物	%	0.05	0.00	0.11
CO	mg/m³	15136	15136	15136
机械不完全燃烧损失	%	0.277	0.303	0.731
排烟热损失	%	7.839	7.860	9.209
锅炉散热损失	%	1.042	1.070	1.026
灰渣物理热损失	%	0.277	0.274	0.378
化学未完全燃烧热损失	%	5.715	5.469	5.027
锅炉热效率	%	84.851	85.025	83.630
送风修正后锅炉热效率	%	84.697	84.846	83.443
燃料修正后锅炉热效率	%	86.297	86.180	86.165
NO	mg/m³	93.45	94.00	91.89
标准状态下主蒸汽压力 NO_x 排放（6%氧）	mg/m³	178.50	176.90	174.90
风机计算功率	kW	2921.66	2926.00	2956.85
风机厂用电率	%	5.78	5.92	5.75

在锅炉运行状况稳定，对锅炉床压进行调整，由试验结果如图 5-10 所示的不同床压对风机功率与锅炉效率的关系可见：床压越高，锅炉效率越低，风机电耗越大，经济性越差，主蒸汽压力 NO_x 排放值相差不大。出于锅炉运行安全性考虑，建议正常运行时床温维持在正常范围内，控制床压在 8.0kPa 左右，有利于锅炉经济环保运行。

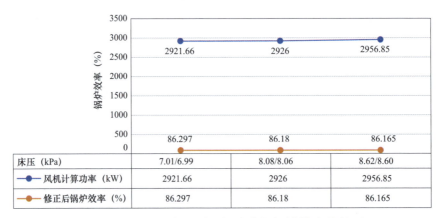

床压（kPa）	7.01/6.99	8.08/8.06	8.62/8.60
风机计算功率（kW）	2921.66	2926	2956.85
修正后锅炉效率（%）	86.297	86.18	86.165

图 5-10　不同床压对风机功率与锅炉效率的关系

5.9.6　燃料配比调整

在习惯运行工况的基础上，电负荷 50MW，维持氧量基本稳定，调整主要燃料及辅助燃料的配比，主要燃料为树皮，辅助燃料为树碎、建筑废料等。燃料配比调整时锅炉效率及污染物排放等相关数据见表 5-14。

表 5-14　　　　燃料配比调整时锅炉效率及污染物排放等相关数据

名称	单位	工况 22	工况 23
负荷	MW	47.82	49.14
燃料配比（树皮：其他燃料）	—	65:35	75:25
燃料低位发热量	kJ/kg	8177	8766
床温（床中）	℃	737.34/666.04	739.57/696.16
一次风流量	km³/h	87.00	88.16
二次风流量	km³/h	106.71	102.75
主蒸汽流量	t/h	185.55	191.26
主蒸汽压力	MPa	7.34/7.39	7.46/7.51
主蒸汽温度	℃	535.91	535.85
一级减温水流量（A/B）	t/h	2.96/4.15	3.17/3.67
二级减温水流量（A/B）	t/h	3.12/3.56	4.16/4.45
空气预热器前烟温	℃	273.1	269.2
空气预热器入口氧量	%	3.88	4.35
空气预热器出口氧量	%	5.36	5.53
空气预热器漏风率	%	8.48	6.85
排烟温度	℃	150.29	151.34
送风修正后排烟温度	℃	146.72	147.71
飞灰可燃物	%	7.48	9.33
底渣可燃物	%	0.05	0.01
CO	mg/m³	126550	126550
机械不完全燃烧损失	%	1.489	1.951
排烟热损失	%	11.602	11.479
锅炉散热损失	%	1.101	1.069

续表

名称	单位	工况 22	工况 23
灰渣物理热损失	%	0.409	0.424
化学未完全燃烧热损失	%	7.444	5.379
锅炉热效率	%	77.955	79.699
送风修正后锅炉热效率	%	77.689	79.424
燃料修正后锅炉热效率	%	81.846	82.990
NO	mg/m³	72.18	62.64
标准状态主蒸汽压力 NO_x 排放（6%氧）	mg/m³	136.50	121.79
风机计算功率	kW	2797.20	2838.84
风机厂用电率	%	5.85	5.78

在锅炉运行状况稳定，对锅炉燃料配比进行调整，由试验结果如图 5-11 所示的不同树皮掺配对主蒸汽压力 NO_x 与锅炉效率的影响规律可见：树皮燃烧配比试验时，锅炉效率相对偏低，较正常工况偏低 2%～3%，原因主要是：一方面树皮发热量相对较低，对锅炉效率影响较大；另一方面大比例掺配树皮时给料系统容易出现堵料造成燃烧不稳定，对锅炉效率影响也比较大。

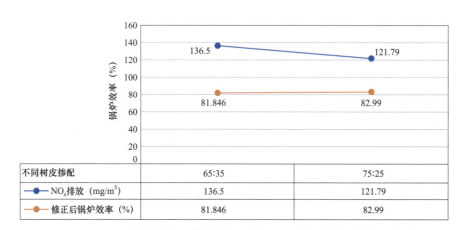

图 5-11　不同树皮掺配对主蒸汽压力 NO_x 与锅炉效率的影响规律

5.9.7　输料风、播料风调整

在习惯运行工况的基础上，电负荷 50MW，维持氧量基本稳定，调整输料风、播料风总门开度，对炉内燃烧氛围进行调整，测量锅炉热效率、空气预热器漏风率以及污染物排放；找出改变输料风、播料风总门对锅炉运行的影响，保证锅炉机组的安全经济性运行。试验过程中共进行 3 个工况：输料风、播料风总门开度分别为 100%、80%、60%，分别测量锅炉热效率、空气预热器漏风率以及污染物排放。表 5–15 为现场试验调整情况表。

表 5–15　　　　　　　　　输料风、播料风调整情况

名称	单位	工况 24	工况 25	工况 26
负荷	MW	49.82	49.87	49.53
输料风、播料风总门开度	%	80%	60%	100%
燃料低位发热量	kJ/kg	8533	8622	9580
床温（床中）	℃	737.52/698.75	745.82/697.27	745.92/674.82
标准状态下一次风流量	km³/h	91.88	92.77	93.01
标准状态下二次风流量	km³/h	110.03	110.63	112.04
主蒸汽流量	t/h	194.07	194.08	192.73
主蒸汽压力	MPa	7.55/7.60	7.54/7.59	7.48/7.53
主蒸汽温度	℃	537.01	536.74	537.18
一级减温水流量（A/B）	t/h	4.25/3.58	3.77/3.93	3.79/4.12
二级减温水流量（A/B）	t/h	3.48/4.84	4.03/4.34	3.76/4.68
空气预热器前烟温	℃	266.2	267.9	266.1
空气预热器入口氧量	%	4.69	4.45	4.51
空气预热器出口氧量	%	6.14	5.80	5.75
空气预热器漏风率	%	8.76	7.96	7.28
排烟温度	℃	150.04	152.95	153.48
送风修正后排烟温度	℃	146.14	149.70	150.74
飞灰可燃物	%	4.47	4.60	5.60
底渣可燃物	%	0.21	0.18	0.35
CO	mg/m³	7799.6	7799.6	7799.6
机械不完全燃烧损失	%	0.860	0.993	0.956
排烟热损失	%	11.497	11.717	10.905

续表

名称	单位	工况 24	工况 25	工况 26
锅炉散热损失	%	1.053	1.053	1.060
灰渣物理热损失	%	0.390	0.444	0.342
化学未完全燃烧热损失	%	4.408	4.425	4.877
锅炉热效率	%	81.791	81.369	81.860
送风修正后锅炉热效率	%	81.497	81.115	81.658
燃料修正后锅炉热效率	%	85.294	84.884	84.311
NO	mg/m^3	64.91	61.55	65.23
标准状态下主蒸汽压力 NO_x 排放（6%氧）	mg/m^3	128.81	120.41	128.05
风机计算功率	kW	2930.43	2926.85	2935.17
风机厂用电率	%	5.88%	5.87%	5.93%

在锅炉运行状况稳定，对锅炉燃料配比进行调整，由试验结果如图 5–12 所示的输料风、播料风调整对主蒸汽压力 NO_x 与锅炉效率影响的规律可见：输料风、播料风总门开度为 80% 时锅炉效率相对较高，分析主要有两个方面的原因：一方面风门开度不能太小，需要保证输料风、播料风压力；另一方面，关小风门，提高了二次风风压，有利于锅炉内燃烧扰动。因此，在运行过程中，可以根据燃料实际情况对输料风、播料风总门进行适当调整，调整范围建议为 60%～80%。输料风、播料风调整对主蒸汽压力 NO_x 与锅炉效率影响的规律如图 5–12 所示。

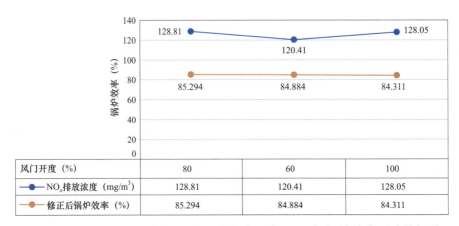

图 5–12 输料风、播料风调整对主蒸汽压力 NO_x 与锅炉效率影响的规律

5.9.8　最佳运行方式工况

1. 50MW 时最佳运行工况

在 50MW 负荷下，一次风量 11 万 m³/h，二次风量 9 万 m³/h，床压 8～8.5kPa；上、下二次风门手动风门开度 100%:100%。在上述运行参数下，锅炉热效率达到 87.221%，CO 浓度为 5002.93mg/m³，主蒸汽压力 NO_x 排放浓度（6%氧）为 157.85mg/m³（标准状态）。具体 50MW 负荷最佳运行工况锅炉效率的影响等相关数据见表 5–16。

最优工况下对比基础工况，锅炉效率提高 3.535%；CO 浓度降低 8174.68mg/m³，如不考虑主蒸汽压力 NO_x 排放仍有进一步降低的可能；主蒸汽压力 NO_x 排放浓度（6%氧）升高 56.03mg/m³（标准状态），风机计算功率升高 62.49kW。50MW 负荷最佳运行工况锅炉效率的影响见表 5–16。

表 5–16　　　　　　50MW 负荷最佳运行工况锅炉效率的影响

名称	单位	基础工况（工况 2）	最优工况（工况 7）
负荷	MW	50.08	50.52
床温（床中）	℃	739.51/689.65	759.74/731.20
标准状态下一次风流量	km³/h	84.92	107.61
标准状态下二次风流量	km³/h	110.77	94.51
主蒸汽流量	t/h	195.74	197.61
主蒸汽压力	MPa	7.58/7.63	7.67/7.72
主蒸汽温度	℃	536.91	536.47
一级减温水流量（A/B）	t/h	4.26/4.29	4.67/4.21
二级减温水流量（A/B）	t/h	4.95/4.54	4.69/4.81
空气预热器前烟温	℃	252.5	265.8
空气预热器入口氧量	%	4.23	4.90
空气预热器出口氧量	%	5.33	6.11
空气预热器漏风率	%	6.34	7.32
排烟温度	℃	155.88	152.82
送风修正后排烟温度	℃	153.39	149.10
飞灰可燃物	%	1.04	2.29

续表

名称	单位	基础工况（工况2）	最优工况（工况7）
底渣可燃物	%	0.09	1.16
CO	mg/m³	16472.0125	16472.0125
机械不完全燃烧损失	%	0.290	0.959
排烟热损失	%	10.481	10.423
锅炉散热损失	%	1.044	1.034
灰渣物理热损失	%	0.567	0.611
化学未完全燃烧热损失	%	7.529	3.042
锅炉热效率	%	80.089	83.931
送风修正后锅炉热效率	%	79.898	83.674
燃料修正后锅炉热效率	%	83.686	87.221
NO	mg/m³	52.75	78.50
标准状态下主蒸汽压力 NO_x 排放（6%氧）	mg/m³	101.82	157.85
风机计算功率	kW	2889.65	2952.14
风机厂用电率	%	5.77	5.84

2. 45MW 时最佳运行工况

在 45MW 负荷下，一次风量 10 万 m³/h，二次风量 8.5 万 m³/h，床压 8~8.5kPa；上、下二次风门手动风门开度 100%:100%。在上述运行参数下，锅炉热效率达到 86.142%，CO 浓度为 5575.70mg/m³，主蒸汽压力 NO_x 排放浓度（6%氧）为 179.89mg/m³（标准状态）。具体 45MW 负荷最佳运行工况锅炉效率的影响等相关数据见表 5-17。

最优工况相比基础工况，锅炉效率提高 1.793%；CO 浓度降低 5484.89mg/m³，如不考虑主蒸汽压力 NO_x 排放仍有进一步降低的可能；主蒸汽压力 NO_x 排放浓度（6%氧）升高 54.65mg/m³（标准状态），风机计算功率升高 129.83kW。

表 5-17　　45MW 负荷最佳运行工况锅炉效率的影响

名称	单位	基础工况（工况1）	最优工况（工况16）
负荷	MW	42.88	45.39
床温（床中）	℃	723.37/684.09	737.01/706.35

名称	单位	基础工况（工况 1）	最优工况（工况 16）
标准状态下一次风流量	km³/h	85.99	100.92
标准状态下二次风流量	km³/h	81.22	86.05
主蒸汽流量	t/h	166.90	175.53
主蒸汽压力	MPa	6.78/6.83	6.85/6.90
主蒸汽温度	℃	536.97	537.08
一级减温水流量（A/B）	t/h	3.65/3.72	3.41/3.12
二级减温水流量（A/B）	t/h	3.08/4.02	3.80/4.12
空气预热器前烟温	℃	243.5	259.4
空气预热器入口氧量	%	4.82	5.51
空气预热器出口氧量	%	6.02	6.66
空气预热器漏风率	%	7.16	7.20
排烟温度	℃	148.40	144.87
送风修正后排烟温度	℃	146.29	142.13
飞灰可燃物	%	2.02	3.07
底渣可燃物	%	0.46	0.06
CO	mg/m³	13825.7375	13825.7375
机械不完全燃烧损失	%	0.593	0.489
排烟热损失	%	10.215	11.288
锅炉散热损失	%	1.225	1.164
灰渣物理热损失	%	0.524	0.335
化学未完全燃烧热损失	%	6.575	3.982
锅炉热效率	%	80.869	82.741
送风修正后锅炉热效率	%	80.705	82.535
燃料修正后锅炉热效率	%	84.349	86.142
NO	mg/m³	62.59	86.07
标准状态下主蒸汽压力 NO$_x$ 排放（6%氧）	mg/m³	125.24	179.89
风机计算功率	kW	2673.61	2803.44
风机厂用电率	%	6.23	6.18

3. 40MW 时最佳运行工况

在 40MW 负荷下，一次风量 8 万 m³/h，二次风量 10 万 m³/h，床压 8～8.5kPa；上、下二次风门手动风门开度 100%:100%。在上述运行参数下，锅炉热效率达到 85.604%，CO 浓度为 5749.02mg/m³，主蒸汽压力 NO$_x$ 排放浓度（6%氧）为 147.05mg/m³（标准状态）。具体 40MW 负荷最佳运行工况锅炉效率的影响等相关数据见表 5-18。

最优工况对比基础工况，锅炉效率提高 1.072%；CO 浓度降低 1560.82mg/m³，如不考虑主蒸汽压力 NO$_x$ 排放仍有进一步降低的可能；主蒸汽压力 NO$_x$ 排放浓度（6%氧）升高 27.83mg/m³（标准状态）。

表 5-18　　　　　　　40MW 负荷最佳运行工况锅炉效率的影响

名称	单位	基础工况（工况 15）	最优工况（工况 19）
负荷	MW	41.08	41.05
床温（床中）	℃	726.96/676.27	731.90/677.35
一次风流量（标准状态）	km³/h	88.83	83.47
二次风流量（标准状态）	km³/h	83.26	82.71
主蒸汽流量	t/h	158.86	157.40
主蒸汽压力	MPa	6.28/6.32	6.96/7.00
主蒸汽温度	℃	533.59	536.42
一级减温水流量（A/B）	t/h	2.42/1.97	1.98/2.46
二级减温水流量（A/B）	t/h	2.38/3.12	1.99/3.28
空气预热器前烟温	℃	251.3	256.8
空气预热器入口氧量	%	5.54	4.56
空气预热器出口氧量	%	6.65	5.78
空气预热器漏风率	%	6.96	7.23
排烟温度	℃	143.14	146.35
送风修正后排烟温度	℃	139.46	143.38
飞灰可燃物	%	2.83	4.17
底渣可燃物	%	0.00	0.31
CO	mg/m³	9137.3	9137.3
机械不完全燃烧损失	%	0.501	1.006

续表

名称	单位	基础工况（工况 15）	最优工况（工况 19）
排烟热损失	%	10.999	11.306
锅炉散热损失	%	1.286	1.298
灰渣物理热损失	%	0.378	0.479
化学未完全燃烧热损失	%	5.311	4.009
锅炉热效率	%	81.524	81.901
送风修正后锅炉热效率	%	81.235	81.665
燃料修正后锅炉热效率	%	84.532	85.604
NO	mg/m³	56.95	74.70
（标准状态下）主蒸汽压力 NO_x 排放（6%氧）	mg/m³	119.22	147.05
风机计算功率	kW	2617.75	2546.39
风机厂用电率	%	6.37	6.20

5.9.9　典型工况炉膛出口温度场分布

在燃烧优化调整试验过程中，利用炉膛出口预装的温度测点对炉膛出口温度分布情况进行测量。表 5-19～表 5-21 分别是 50MW 负荷、45MW 负荷、40MW 负荷三个负荷段典型工况炉膛出口温度场分布情况。

表 5-19　　　　　50MW 负荷典型工况炉膛出口温度分布　　　　　（℃）

工况	A1	A2	A3	B1	B2	B3
	642.2	618.5	608.5	617.5	608.3	590.5
	655.7	613.5	621.3	633.4	622.7	631.8
	648.1	607.8	643	624.2	670.8	642.2
基础工况（工况 2）						
A 侧平均	628.73	B 侧平均	626.82	标准偏差	19.93%

工况	A1	A2	A3	B1	B2	B3
	634.5	606.5	598.9	630.2	612.2	608.2
	637.1	605.6	609.7	645.7	619.5	632.7
	633.6	598.2	641.6	638.3	671.7	646.6
最优工况 （工况7）	A侧温度分布			B侧温度分布		
	A 侧平均	618.41	B 侧平均	633.90	标准偏差	19.90%
	645.4	619.7	622.7	632.3	620.1	595.8
	660.3	616.6	632.4	648.1	634.6	639.8
	657.4	616.7	649.3	638.5	662.3	647.4
两侧均衡 工况 （工况6）	A侧温度分布			B侧温度分布		
	A 侧平均	635.61	B 侧平均	635.43	标准偏差	17.80%

50MW 负荷工况典型工况时，炉膛出口温度测量数据相对比较均匀，标准偏差在 20%范围内。其中，工况 6 时，标准偏差为 17.80%，为标准偏差最小工况，此时工况状态为：负荷 50MW，一次风量 10 万 m^3/h，二次风量 10 万 m^3/h，床压 8～8.5kPa；上、下二次风门手动风门开度 100%:100%。

表5-20 　　　　45MW 负荷典型工况炉膛出口温度分布 　　　　（℃）

工况	A1	A2	A3	B1	B2	B3
基础工况 （工况1）	630.5	610.6	602.1	604.5	598.9	570.5
	644.7	611.9	618.2	614.5	597.9	611.3
	636	609.2	637.9	608.8	641.2	623.2

工况	A1	A2	A3	B1	B2	B3
基础工况 （工况 1）	A 侧温度分布			B 侧温度分布		
	A 侧平均	622.34	B 侧平均	607.87	标准偏差	18.43%
	610.5	589.5	586.6	616.8	606.6	587.3
	641.3	593.9	596	628.8	614.3	621.2
	635.2	601.4	626.1	624.5	641.5	620.9
最优工况 （工况 16）	A 侧温度分布			B 侧温度分布		
	A 侧平均	608.94	B 侧平均	617.99	标准偏差	18.06%
	614.9	606.1	599.9	610.6	597.4	582.7
	637.9	608.8	613.1	621.3	615.8	616.7
	627.9	599.9	621.3	618.4	653.7	617.9
两侧均衡 工况 （工况 17）	A 侧温度分布			B 侧温度分布		
	A 侧平均	614.42	B 侧平均	614.94	标准偏差	15.79%

45MW 负荷工况典型工况时，炉膛出口温度测量数据相对比较均匀，标准偏差在 20% 范围内。其中，工况 17 时，标准偏差为 15.79%，为标准偏差最小工况，此时工况状态为：负荷 45MW，一次风量 9.2 万 m^3/h，二次风量 9.5 万 m^3/h，床压 8～8.5kPa；上、下二次风门手动风门开度 100%:100%。

表 5-21　　　　　　　　　40MW 负荷典型工况炉膛出口温度分布　　　　　　　　　（℃）

工况	A1	A2	A3	B1	B2	B3
	623.9	597.2	585.2	604.8	591.6	559.3
	642.1	596.5	597.3	618.1	601.5	598.6
	631.5	597.5	607.5	612.1	649.3	609.6
基础工况（工况 15）	A 侧温度分布			B 侧温度分布		
	A 侧平均	608.74	B 侧平均	604.99	标准偏差	21.07%
	576.5	573.5	573	597.5	581.5	554.8
	590.1	578.6	584.5	610.9	593.3	596.3
	594.1	577.3	609.7	607.7	639.6	601.5
最优工况（工况 19）	A 侧温度分布			B 侧温度分布		
	A 侧平均	584.14	B 侧平均	598.12	标准偏差	19.11%
	592.7	582.1	575.3	595.2	571.2	561.6
	604.5	594.9	589.7	607.2	596.9	598.9
	618.4	588.9	605.4	598.2	626	601.2
两侧均衡工况（工况 18）	A 侧温度分布			B 侧温度分布		
	A 侧平均	594.66	B 侧平均	595.16	标准偏差	15.77%

40MW 负荷工况典型工况时，炉膛出口温度测量数据基础工况均匀性相对较差，标准偏差大于 20%，调整后的工况相对比较均匀，标准偏差在 20% 范围内。其中，工况 18 时，标准偏差为 15.77%，为标准偏差最小工况，此时工况状态为：负荷 40MW，一次风量 8 万 m³/h，二次风量 8.5 万 m³/h，床压 8～8.5kPa；上、下二次风门手动风门开度 100%:100%。

三个负荷段中，炉膛出口温度场分布测量显示，当一次风：二次风比例为 5.0:5.0 时，炉膛出口温度分布均匀性最好。

5.9.10　典型工况分离器出口温度场分布

在燃烧优化调整试验过程中，利用分离器出口预装的温度测点对炉膛出口温度分布情况进行测量。表 5-22～表 5-24 分别是 50MW 负荷、45MW 负荷、40MW 负荷三个负荷段典型工况分离器出口温度场分布情况（为便于对比，所有工况均对应炉膛出口温度场工况）。

表 5-22　　　　50MW 负荷典型工况分离器出口温度分布　　　　（℃）

工况	A1	A2	B1	B2
	541.7	446.2	571.5	462.1
	607.6	619.2	565.4	581.2
	602.2	498.5	486.1	492.5
基础工况（工况 2）	A侧温度分布		B侧温度分布	
	A 侧平均　552.57	B 侧平均　526.47	标准偏差	60.15%
	537.3	462.5	586.5	465.6
	600.8	605.3	576.7	599.8
	572.7	484.2	502.6	505.4
最优工况（工况 7）	A侧温度分布		B侧温度分布	
	A 侧平均　543.80	B 侧平均　539.43	标准偏差	55.06%

续表

工况	A1	A2	B1	B2
	530.4	455.5	569.7	476.3
	605.1	607.8	562.1	588.2
	601.3	477.7	488.3	495.3
两侧均衡工况（工况6)	A侧温度分布（A1、A2）		B侧温度分布（B1、B2）	
A侧平均	546.30	B侧平均	529.98	标准偏差 57.28%

50MW 负荷工况典型工况时，分离器出口温度测量数据均匀性较差，标准偏差在 50% 以上；A、B 两次分离器出口均出现上层烟气温度较低的情况，尤其是 A 侧相对比较严重。

表 5-23　　45MW 负荷典型工况分离器出口温度分布　　（℃）

工况	A1	A2	B1	B2
	533.5	439	552.3	455.5
	584.3	567.5	545.8	572
	568.8	483.5	475.2	480.9
基础工况（工况1)	A侧温度分布（A1、A2）		B侧温度分布（B1、B2）	
A侧平均	529.43	B侧平均	513.62	A侧平均 529.43
最优工况（工况16)	526.3	434.5	571.1	452.7
	596.2	608.3	563.3	588.1
	588.6	490.7	484.4	491.8

续表

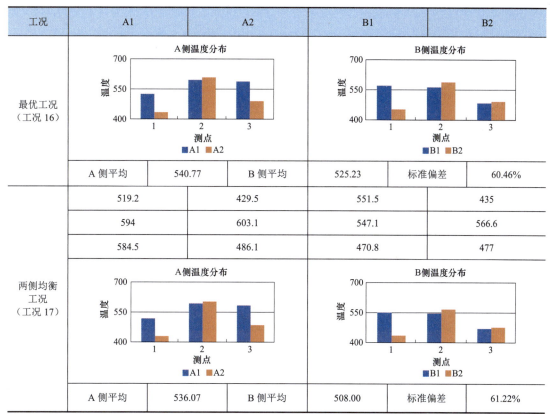

工况	A1	A2	B1	B2
最优工况（工况 16）	A 侧平均	540.77	B 侧平均 525.23	标准偏差 60.46%
两侧均衡工况（工况 17）	519.2	429.5	551.5	435
	594	603.1	547.1	566.6
	584.5	486.1	470.8	477
	A 侧平均	536.07	B 侧平均 508.00	标准偏差 61.22%

45MW 负荷工况典型工况时，分离器出口温度测量数据均匀性较差，标准偏差在 50% 以上；A、B 两次分离器出口均出现上层烟气温度较低的情况，尤其是 A 侧相对比较严重。

表 5-24　　　　　40MW 负荷典型工况分离器出口温度分布　　　　（℃）

工况	A1	A2	B1	B2
基础工况（工况 15）	526.4	433.4	543.9	439.5
	601.5	610.7	537.1	564.2
	596.8	493.2	465.9	472.7
	A 侧平均	543.67	B 侧平均 503.88	标准偏差 62.75%

工况	A1	A2	B1	B2
	511.6	425.2	539.2	424.2
	584.2	592.3	553.6	559.8
	575.6	479.9	462.3	471.3
最优工况 （工况 19）	A 侧温度分布		B 侧温度分布	
	A 侧平均	528.13	B 侧平均	501.73　标准偏差　60.87%
	501.9	423	541.7	429.5
	569.1	576.8	535.2	559.2
	561.6	472.2	466.9	472.4
两侧均衡工况 （工况 18）	A 侧温度分布		B 侧温度分布	
	A 侧平均	517.43	B 侧平均	500.82　标准偏差　55.17%

40MW 负荷工况典型工况时，分离器出口温度测量数据均匀性较差，标准偏差在 50% 以上。A、B 两次分离器出口均出现上层烟气温度较低的情况，尤其是 A 侧相对比较严重。

三个负荷段中，分离器出口温度场分布测量显示，A 侧平均温度均高于 B 侧平均温度，有可能 A 侧分离器分离效果偏低，建议有机会对两台分离器进行全面检查。

5.10 结 论 及 建 议

（1）此次试验，从一次风、二次风配比，运行氧量，上、下二次风配比，床压，燃料配比，输料风、播料风等方面进行了优化调整。

（2）一次风:二次风为 5.5:4.5 的工况比一次风:二次风为 4.5:5.5 的工况经济性好。建议在实际运行过程中，在维持床温、主蒸汽压力 NO_x 排放等参数在正常范围内，适当提高一次风比例。

（3）在设计燃烧氧量以内，燃烧氧量越高，锅炉效率越高。出于锅炉运行安全性考虑，建议在保证风机出力不超限的基础上保持相对较高的氧量运行。50MW 负荷情况下，总风量建议控制在 200～210km³/h（标准状态）范围；45MW 负荷情况下，总风量建议控制在 170～185km³/h（标准状态）范围；40MW 负荷情况下，总风量建议控制在 160～170km³/h（标准状态）范围。

（4）进行二次风上下层风门调整实验时，对锅炉热效率影响不大，当上、下二次风风门均全开时锅炉效率略高；二次风手动风门上小下大时，主蒸汽压力 NO_x 排放浓度明显升高，比较容易排放超标。综合考虑经济性及污染物排放，在实际运行中建议将上、下二次风风门挡板均全开运行。

（5）床压越高，锅炉效率越低，风机电耗越大，经济性越差，主蒸汽压力 NO_x 排放值相差不大。出于锅炉运行安全性考虑，建议正常运行时床温维持在正常范围内，控制床压在 8.0kPa 左右，有利于锅炉经济环保运行。

（6）在锅炉运行状况稳定，对锅炉燃料配比进行调整，由试验结果可见：树皮燃烧配比试验时，锅炉效率相对偏低，较正常工况偏低 2%～3%，原因主要是：一方面树皮发热量相对较低，对锅炉效率影响较大；另一方面大比例掺配树皮时给料系统容易出现堵料造成燃烧不稳定，对锅炉效率影响也比较大。

（7）输料风、播料风总门开度为 80% 时锅炉效率相对较高，分析主要有两个方面的原因：一方面风门开度不能太小，需要保证输料风、播料风压力；另一方面，关小风门，提高了二次风风压，有利于锅炉内燃烧扰动。因此，在运行过程中，可以根据燃料实际情况对输料风、播料风总门进行适当调整，调整范围建议为 60%～80%。

（8）经过调整，50MW 负荷时，最优工况对比基础工况，锅炉效率提高 3.535%，CO 浓度降低 8174.68mg/m³，如不考虑主蒸汽压力 NO_x 排放仍有进一步降低的可能，主蒸汽压力 NO_x 排放浓度（6%氧）升高 56.03mg/m³（标准状态），风机计算功率升高 62.49kW；45MW 负荷时，最优工况对比基础工况，锅炉效率提高 1.793%；CO 浓度降低 5484.89mg/m³，如不考虑主蒸汽压力 NO_x 排放仍有进一步降低的可能；主蒸汽压力 NO_x 排放浓度（6%氧）升高 54.65mg/m³（标准状态），风机计算功率升高 129.83kW；最优工况对比基础工况，锅炉效率提高 1.072%；CO 浓度降低 1560.82mg/m³，如不考虑主蒸汽压力 NO$_x$ 排放仍有进一步降低的可能；主蒸汽压力 NO$_x$ 排放浓度（6%氧）升高 27.83mg/m³（标准状态）。

（9）主蒸汽压力 NO$_x$ 的排放特性调整，锅炉燃烧氧量、一次风:二次风、锅炉床温、上下二次风配比对主蒸汽压力 NO$_x$ 的排放有一定程度的影响。目前，受主蒸汽压力 NO$_x$ 的排放限值限制，此次燃烧调整试验中 CO 排放量仍然高达 5000mg/m³，经济性仍然有不小的空间可以挖潜。建议充分考虑是否进行低氮改造，就目前情况，可以考虑从二次风改造入手，如增加一层二次风引入分级燃烧。另外，二次风系统设计之初主要考虑的是设计燃料，由于目前燃料变化幅度极大，建议将二次风手动风门改为方便远程控制的电动风门，以提高二次风的可调节性能。

（10）由于生物质燃料变化较大，且取样不完全具备代表性，所有试验工况燃料的元素分析均使用统一的燃料基准，工业分析采用每天取样数值，相关试验结果可作为运行参考。

（11）炉膛出口温度测量数据均匀性相对较好，标准偏差在 20%范围内。三个负荷段中，炉膛出口温度场分布测量显示，当一次风:二次风为 5.0:5.0 时，炉膛出口温度分布均匀性最好。

（12）分离器出口温度测量数据均匀性较差，标准偏差在 50%以上。A、B 两次分离器出口均出现上层烟气温度较低的情况，尤其是 A 侧相对比较严重。三个负荷段中，分离器出口温度场分布测量显示，A 侧平均温度均高于 B 侧平均温度，有可能 A 侧分离器分离效果偏低，建议有机会对两台分离器进行全面检查，如偏离设计值，建议对分离器进行改造修复。

（13）目前阶段，2 号锅炉床温明显比 1 号锅炉偏低，由于锅炉内风帽的种类和形式较多，建议对 2 号锅炉布风板及风帽状况进行评估，是否有必要对风帽进行统一更换。

第 6 章
生物质 CFB 锅炉低氮技术改造研究

6.1 概　　述

　　广东粤电湛江生物质发电公司所属两台 220t/h 高温/高压循环流化床锅炉自投运以来，通过运行人员的不懈努力，克服了燃料水分偏高、波动大、杂质多等诸多客观困难，完成了清洁电力生产的任务，取得了较好的经济效益和社会效益；但是由于燃料特性偏差、机组与设计工况偏离较大，运行中不同程度存在炉膛压力波动大、气相燃烧不彻底、氮氧化物排放控制难度大、受热面腐蚀和磨损等异常因素导致非正常停运较频繁等威胁运行安全和经济性的问题。本章详细介绍生物质 CFB 锅炉低氮技术改造的情况。

6.2 锅　炉　概　况

　　广东粤电湛江生物质发电项目工程（2×50MW）机组为华西能源工业股份有限公司生产的循环流化床锅炉。锅炉型号为 HX220/9.8－Ⅳ1；锅炉系单锅筒、自然循环水管锅炉，半露天布置；炉膛采用悬吊结构，尾部烟道和旋风分离器则采用支撑结构；炉膛分为两部分：下部密相区，上部稀相区；炉膛四周为膜式水冷壁，在密相区内形成缩口和垂直段，布风板以上 6.5m 内涂耐火材料防止磨损；锅炉采用先集中下降管后再分散进水冷壁下集箱，为保证水循环安全可靠性，前、后及两侧水冷壁共分六个独立回路；为实现均匀升温，可控启动，锅炉采用床下热烟气点火技术；燃烧空气分一次风和二次风，分段送风，一次风经水冷风室及布风板送入炉膛，约占 55%，二次风约占 45%；二次风口设计在炉膛密相区上部分三层送入炉膛。

炉膛内布置水冷屏。炉膛上部布置有屏式过热器，烟气经炉膛出口进入水平烟道的高温过热器，然后分两路分别进入两只旋风分离器，经旋风分离器分离后的烟气，经烟道进入尾部烟道。

尾部烟道（截面面积：10000mm×3600mm），其中省煤器进口以上区域采用包墙管结构，省煤器进口以下区域采用轻型炉墙结构，低温过热器、省煤器采用管吊管结构，一次风、二次风空气预热器布置在尾部烟道内，并置于炉墙上。

6.2.1　锅炉主要技术参数

锅炉满负荷运行参数：炉膛过量空气系数为1.2；一次风:二次风为55%:45%。

锅炉满负荷运行热效率数据见表6-1。

表6-1　　　　　　　　　　锅炉满负荷运行热效率数据

序号	热损失	计算值（%）
1	排烟损失	6.9
2	气体未完全燃烧损失	0.1
3	固体未完全燃烧损失	1.2
4	散热损失	1.0
5	排渣热损失	0.1
6	锅炉热效率	90.7

6.2.2　锅炉燃料

广东粤电湛江生物质发电有限公司可利用的燃料种类较多，燃料可收集量不同，燃料的收集具有一定的季节性，且生物质燃料含水率的变化较大。为控制入炉燃烧的品质，保证机组安全稳定地运行，锅炉设计时燃料按以下原则进行组合，设计燃料参数见表6-2。

设计燃料：50%甘蔗叶（12%水分）+20%树皮（25%水分）+30%其他（25%水分）；

校核燃料1：70%甘蔗叶（12%水分）+15%树皮（25%水分）+15%其他（25%水分）；

校核燃料2：70%甘蔗叶（20%水分）+15%树皮（40%水分）+15%其他（40%水分）。

表6-2 设 计 燃 料 参 数

序号	名称		符号	单位	设计
1	收到基低位发热量		$Q_{net,ar}$	kJ/kg	12587
2	工业分析	收到基水分	M_{ar}	%	18.50
		收到基灰分	A_{ar}	%	2.64
		固定碳	FC_{ar}		13.90
		收到基挥发分	V_{ar}	%	64.96
3	元素分析	收到基碳	C_{ar}	%	43.83
		收到基氢	H_{ar}	%	6.97
		收到基氧	O_{ar}	%	47.4
		收到基氮	N_{ar}	%	1.75
		收到基硫	S_{ar}	%	0.05
4	灰成分	氧化钙	CaO	%	38.3
		氧化镁	MgO	%	4.55
		三氧化二铝	Al_2O_3	%	5.69
		氧化铁	Fe_2O_3	%	4.55
		二氧化硅	SiO_2	%	20.9
		氧化钾	K_2O	%	14.41
		氧化钠	Na_2O	%	2.82
		氧化锰	MnO		0.13
		氯	Cl		4.18
		三氧化硫	SO_3		3.95
		氧化钛	TiO_2		0.52
	合计			%	100

6.2.3 物料平衡和烟风阻力

锅炉为循环流化床，由于设计燃料中含灰量较低，理论上在运行过程中需要补充床料。物料平衡见表 6-3，设计计算所得锅炉烟风阻力汇总见表 6-4。

表 6-3　　　　　　　　　　　　　　物　料　平　衡　表

项目		单位	设计燃料
输入秸秆量 B		kg/h	48156
Ca/S 摩尔比		—	0
加入石灰石		kg/h	0
补充床料		kg/h	100
飞灰量		kg/h	1639
底渣量		kg/h	69
锅炉排烟相关参数（按 $\alpha = 1.4$ 计）	标准状态下空气预热器后飞灰浓度	g/m³	6.0
	CO_2	%	12.3
	H_2O	%	15.4

表 6-4　　　　　　　　　　　　锅炉烟风阻力计算汇总表

序号	项目	数据
一	空气侧	
1	一次风系统阻力	
1.1	一次风管道阻力（Pa）	200
1.2	一次风空气预热器（Pa）	902
1.3	热风管道（Pa）	149
1.4	布风板阻力（Pa）	3134
1.5	床层压降（Pa）	11427
1.6	一次风总阻力（Pa）	15812
1.7	标准状态下一次风理论流量（m³/h）	106437
2	二次风系统阻力	
2.1	二次风管道阻力（Pa）	385
2.2	二次风空气预热器（Pa）	1467
2.3	二次风喷口及背压阻力（Pa）	3751
2.4	二次风总阻力（Pa）	5603
2.5	标准状态下二次风理论风量（m³/h）	87085
二	烟气侧	

序号	项目	数据
1	锅炉炉膛（Pa）	200
2	高温旋风分离器（Pa）	1577
3	一级过热器（Pa）	23
4	二级过热器（Pa）	166
5	省煤器（Pa）	152
6	一次风空气预热器（Pa）	191
7	二次风空气预热器（Pa）	201
8	修正后锅炉本体总阻力（Pa）	2580
9	标准状况下锅炉尾部烟道出口排烟量（m³/h）	273800
10	锅炉尾部烟道出口排烟温度（℃）	140
11	锅炉尾部烟道出口排烟量（m³/h）	414661

6.3　工　作　目　的

针对粤电湛江生物质电厂两台 220t/h 循环流化床生物质锅炉现有的燃烧不稳定、氮氧化物排放偏高等问题，通过现场调研和理论分析论证，寻求可以提高机组运行经济性、燃烧稳定性和氮氧化物排放控制能力的可能方案，并对方案的可行性进行论证。

6.4　优化改造内容

粤电湛江生物质电厂的两台循环流化床锅炉经过近几年的运行，暴露出的问题主要是由于燃料特性和设计偏差较大导致，具体为：锅炉设计时以含水量很低的甘蔗叶为主，设计计算中采用的入炉燃料平均水分 18.5%，低位发热量 12.6MJ/kg，但是实际运行过程中燃料以水分含量 45%～50% 的桉树皮为主，再掺入少部分含水量较低的建筑模板，入炉混合燃料的含水量在 40%～45%，入炉低位发热量在 8～9MJ/kg。项目实际使用的用两种燃料燃烧特性见表 6-5。

表6-5 项目实际用燃料燃烧特性

项目	符号	桉树皮	模板
碳	C_{ar}	23.84	35.29
氢	H_{ar}	2.86	3.73
氧	O_{ar}	23.02	33.17
氮	N_{ar}	0.64	1.63
硫	S_{ar}	0.05	0.13
水分	M_{ar}	45.00	25.45
灰分	A_{ar}	4.59	0.26
挥发分	V_{ar}	38.71	66.88
固定碳	FC_{ar}	11.70	7.41
低位发热量	$Q_{net,ar}$	7600	13000

根据现场调研,上述实际入炉燃料和设计燃料在水分和热值上较大的偏差是目前锅炉燃烧组织中出现问题的最重要诱因,论述如下:

(1)燃料含水高导致燃料颗粒间相互黏连现象严重,物料流动性劣化,可破碎性降低,导致破碎效果差、给料均匀性降低、给料系统故障率上升。

(2)给料均匀性差直接导致炉膛燃烧区域的压力出现波动,从而使原本应该在时间空间上稳定的火焰锋面难以维持,炉内气固相可燃物燃烧过程火焰前沿中氧气浓度大幅波动,这会显著强化燃烧过程氮氧化物的生成。

(3)燃料热解着火之前需要经历水分吸热干燥过程,导致着火热需求大幅增加,密相区温度降低,减少了密相区燃烧份额和放热量。

(4)密相区上部挥发分析出区域水蒸气分压大幅增加,降低挥发分燃烧速率,增加了挥发分燃尽的难度。

(5)为了降低氮氧化物排放而可以维持的低氧燃烧操作模式进一步加剧了挥发分未燃尽度,显著影响炉效。

(6)燃料带入的大量水分导致挥发分燃尽时间延长,炉膛停留时间不足以满足挥发分燃尽,燃烧放热阶段向烟气流动方向的下游延伸,导致水平烟道和分离器内燃烧份额增加,温度升高,加剧沉积腐蚀等碱金属问题。

（7）炉膛内的放热和吸热份额低于设计值，导致炉膛中蒸发受热面吸热量偏低，炉膛出口烟气温度偏高，一方面加剧后部受热面的沉积腐蚀；另一方面导致排烟温度升高，降低锅炉效率。

（8）烟气中高比例的水蒸气会导致低温腐蚀加剧，也是尾部烟道受热面积灰问题加剧的诱因之一。

（9）燃料水分增加、热值降低导致的另外问题是在同样出力情况下，烟气量显著高于设计值，这引发烟气流速偏高增加磨损概率、分离器阻力增加、尾部受热面烟风阻力增加引风机出力和电耗。

除了上述燃料水分导致的运行问题外，由于采用部分建筑模板或者废木料作为高热值掺混燃料，而建筑模板中含有一定比例的钉子等金属重质杂质，这部分杂质在木质部分燃烧消耗后由于密度高会沉到密相区的底部，嵌在布风板风帽上，比较难以清除，随着运行时间的累计，金属杂质会铺满布风板并积累相当的厚度，从而降低流化质量；此外，有些铝合金部件在炉膛温度下会熔融，从而黏连床料颗粒和其他金属杂质形成致密的一团熔渣，这种熔渣流化风无法穿透，对局部流化质量的危害尤为严重。

此外，家具业和模板制造业都在大量使用胶合板等人造板材，通过对典型胶合板的元素分析显示其含氮量较高，经研究发现这可能与胶合板生产过程中都要使用一种名叫脲醛树脂的胶合剂有关，脲醛树脂的主要用途是用作木材胶黏剂，其 N 元素含量达 39%。脲醛树脂在空气气氛下燃烧时，600℃左右就能燃烧完全，但是在热解脱挥发分过程中会有 CO_2、异氰酸、氨、CO 等气体析出，氨和异氰酸是生物质含氮组分热解燃烧过程形成氮氧化物排放的主要中间产物，这就是说，由于人造板中胶合剂的使用，该类燃料中的含氮量会大幅升高，且和生物质中常见含氮组分一样会以燃料氮进入气相的形式增加燃烧过程氮氧化物排放浓度。因此，在较大份额燃用建筑模板等木下脚料的同时，会增加氮氧化物排放控制的压力。

针对上述运行中存在的问题，该研究从以下几个方面提出针对低氮燃烧和锅炉运行优化的建议方案。

6.4.1　生物质预处理及给料

广东粤电湛江生物质发电有限公司的生物质原料中由于高水分树皮的含量较高，炉料流动性差，杂质多、破碎特性差、燃料尺寸较大，对给料系统的正常工作带来巨大的挑战。

经过不懈的努力和多次优化改造，目前该给料系统能够基本满足正常生产的要求，且在故障率、可用率、操作便捷性、所需人工干预程度等方面在国内生物质电厂横向对比中表现优良。

但是根据对现场给料设备的运行跟踪和分析显示，该给料装置存在的主要问题是给料均匀性以及燃料水分较高情况下的落料管堵塞现象。给料系统的结构示意图如图6-1所示。

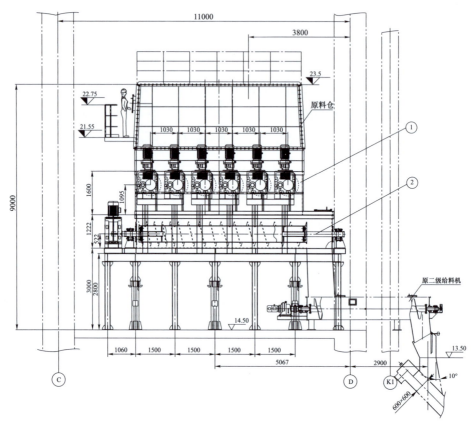

图6-1　给料系统的结构示意图

该系统的工作原理为料仓内部的承托螺旋负责承托住输料皮带卸下燃料的重量并尽可能将集中落下的物料均匀地分散到仓内不同位置，在承托螺旋下方的一级输料螺旋负责将通过承托螺旋落下的燃料向锅炉方向输运并送出料仓，一级螺旋的转速决定了给料量，一级螺旋送出的物料进入较高速运行的二级螺旋后送入落料管；二级螺旋和落料管之间布置防止烟气反窜的翻板阀。该流程是生物质发电行业多年运行经验积累后逐步形成的主流给料方案，该方案的核心在于解决一级绞龙出料端和料仓壁面相切的部位的物料挤压问题，如图 6-1 中的①处所示。一级螺旋带到末端的原料量一般都会多于能通过仓壁落到二级蛟龙上的物料，过多的物料受仓壁物理限制会在绞龙出料端被阻滞，如果物料具有一定的流动性，则会通过局部挤压将多余的物料向上输运，但是由于生物质物料流动性差，特别是对于高含水的树皮类生物质，在该处的挤压无法通过向上流动而得到舒缓就会在该部位越压越紧最终紧密压实的物料会将一级绞龙抱死从而发生故障；前述承托螺旋的设计对落到一级螺旋上的物料量进行了初步控制，从而大幅度降低了出料端物料挤压的问题，但是还是难以完全杜绝该问题。

为此，广东粤电湛江生物质发电有限公司对一级绞龙出料端的仓壁做了相应的技术改造，例如图 6-2 所示的仓壁底端向锅炉侧增加一个矩形小空间，提供了额外的缓冲容积，减缓了该处的物料挤压，进一步缓解了前述问题的发生。需要指出的是，以上方案虽然可以保证连续地给料，但是还是存在较严重的给料不均匀性问题，由于存在承托螺旋下料分配以及局部阻碍挤压等因素，且一级绞龙慢速运转而物料在绞龙出料处纠缠特性较强，从一级、二级螺旋处的视频监控可以看到，一级绞龙送出的物料质量流量波动很大，这种不均匀性在高速运转的二级蛟龙以及物料快速滑落的落料管中没有法得到有效扭转或者改善，因而必须从该处着手进行给料均匀性改造。比较直接的方法是一级绞龙物料出口处的上方设置以较高速度旋转的小型扰动装置，避免物料在该处短时间停滞累计后成团落下。建议的扰动装置方案示意图如图 6-3 所示。

图 6-2　一级绞龙出料端料仓壁改进

该类装置在生物质给料行业有应用的先例，设计中需要考虑对原料中所含绳状杂质的缠绕有一定的耐受性，具体位置需要在现场通过试验确定，增加该装置后可望改善给料的质量流量均匀性从而平抑炉膛燃烧过程压力波动，抑制燃烧过程氮氧化物生成。

现场调研中了解到给料装置运行过程中还存在锅炉前墙的落料管堵料的情况，如图 6-1 所示的②处是一个堵料现象多发的策源地，该处为垂直落料管和入炉斜管衔接的部位，在该处物料的运行方向从垂直落下改变为斜向下；为了确保物料的顺利转向和流动，该处斜管底部有一层高速风（输料辅助风）作为气垫润滑，如果该处发生堵料，可能的原

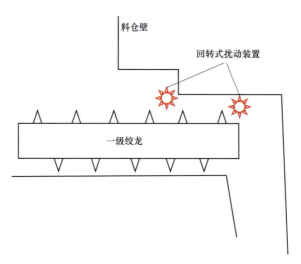

图6-3　建议的扰动装置方案示意图

因有：物料流量波动导致的瞬间大量物料团砸下导致辅助风失效；物料过湿（50%以上，物料表面有自由水），物料表面黏附力过大，落下的物料和金属壁面之间由于水分过高而黏连导致堵塞；输料辅助风风量不足、动量不够，难以承担气垫润滑的设计任务；或者以上几点因素的组合。鉴于以上分析，前述改进给料均匀性将会对这种类型的堵料的因素有积极意义；另外需要尽可能避免局部燃料水分过高，且加强燃料破碎品质的监督；最后需要对输料辅助风的风量、风速和风温是否达到设计值进行校核，确保其正常发挥作用。

　　另外，破碎后生物质颗粒的尺寸及均匀性是实现给料入炉均匀性的重要因素。目前，入炉的生物质颗粒尺寸及均匀性虽然已经有较好的改善，但还存在大尺寸生物质颗粒较多的情况，生物质物料经炉前给料及入炉系统后容易以成团形式入炉，从而加剧生物质物料入炉不均匀和燃烧不均匀现象，加剧氮氧化物及 CO 排放浓度的不均匀性。针对该问题，建议进一步加强燃料预处理环节管理：

　　（1）对于外购成品燃料，严格生物质颗粒尺寸及其均匀性管理，严控大尺寸（大于100mm）生物质物料的量。

　　（2）对于厂内破碎物料，增加筛分工序，将大于 100mm 的物料筛出后重新破碎，以保证生物质物料的尺寸及其均匀性。

1. 初步方案

针对如图6-4所示的给料系统扰动环节的具体实施方案需要考虑如下要点：

　　（1）扰动装置不能妨碍物料主体流动。

　　（2）扰动装置需要有应对缠绕和各种硬质杂质的能力。

（3）扰动装置的运动形式是均匀物料流，即上游流量大时减少通过的物料，反之增加。

根据上述原则提出两个具体实施方案：

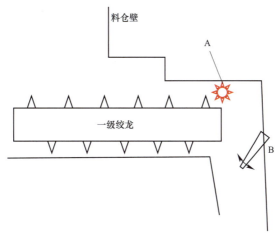

图 6-4　给料环节均料装置实施方案示意图

A—回转式扰动装置；B—振动式扰动装置

方案一：如图 6-4 中的 A 回转式扰动装置所示，回转轴主体为直径 15～20cm 钢管，上面以一定间距布置棒状或者片状高度 5～10cm 齿状结构，旋转速度以 50～100r/min 为宜，每个给料通道设置单独的扰动装置，每个装置有独立的驱动和电气控制单元；具体安装位置需要在现场根据观察到的落料物流厚度的高、低（厚、薄）极限位置后临时确定。

方案二：如图 6-4 中的 B 振动式扰动装置所示，在落料管落料部位下游设置倾斜振动挡板，在物料流动正常情况下大部分物料落下并不受挡板影响，在有大团块物料落下时，过厚的料层会被振动挡板暂时阻挡，并在挡板振动作用下延时落下，起到均匀给料流率的作用；振动挡板和垂直方向夹角宜小于 40°，振动频率和增幅需要现场根据物料下落特性确定，挡板宽度方向可为落料口上端宽度的 70%～80%，前、后方向需要通过对二级蛟龙落下物料流动进行观察后确认，确定原则为不干扰正常流量落料的主体流动，而在物料成团落下时可以予以有效阻挡延迟为宜。

由于上述两扰动装置尺寸小、运动速度速不高，且不接触物流层主体，驱动功率需求小，物料成本低于 5000 元/通道，每台锅炉改造价格应该在 3 万～5 万元，其效益为改善给料稳定性带来的炉内压力波动降低，从而在消除炉内压力波动、降低回火反窜情况、降低锅炉主蒸汽压力 NO_x 和 CO 排放，提高锅炉燃烧效率方面有显著作用。具体效益结合后续针对二次风的改造措施进行综合论述。

2. 二次风系统改造

根据热态运行测试数据，在目前控制氮氧化物排放的需求下，该项目锅炉采用低氧运行，锅炉尾部烟道处烟气氧含量控制在 1%～2%，低的过量空气系数能够让炉膛内大部分区域处于缺氧的还原性气氛，从而可以将锅炉的氮氧化物排放浓度压制在所需范围，但是带来的弊端是炉膛中出现严重的挥发分未燃尽现象。根据之前的测试数据，该运行模式下排烟中 CO 的浓度可以达到 8000～13000mg/m³，由此导致的锅炉化学不完全燃烧损失达到 5%～7%，已经成为锅炉热损失中仅次于排烟热损失的第二大热损失，极大地威胁到机组运行的经济性。

这种氮氧化物排放控制和经济运行之间的矛盾是该项目机组目前面临的最大问题，其主要的诱发因素为调控锅炉氮氧化物而设计的分级燃烧意图未得到实现。原设计中锅炉在布风板以上 4.6m 和 5.6m 的高度上的前、后墙分两层布置了 17 个直径 200mm 的二次风口，分别为前墙上排 4，下排 3 个；后墙上、下排各 5 个。锅炉炉膛设计中采用大长宽比设计，前、后墙间距为 5.5m，较小的前、后墙间距有利于前、后墙对冲布置的二次风有足够的刚性穿透整个炉膛截面面积。通过给料口落入炉膛的燃料在密相区受热热解放出挥发分，析出的挥发分在一次风供应的不充足氧气条件下部分燃烧，剩余的部分随着烟气上行在稀密相区交界处，也就是二次风给入部位燃烧并在附近炉膛空间内继续燃烧直至燃尽。这种分级供风燃烧的模式既兼顾了燃烧效率，又能在炉膛下部维持较稳定的还原性气氛区域，有利于燃烧过程随着热解和半焦燃烧过程释放的氮氧化物前驱体被还原为氮气，从而降低氮氧化物的排放。但是由于之前论述的燃料含水量大幅增加高、热值显著降低的客观情况，燃料进入炉膛后析出挥发分的过程被延迟、挥发分中水蒸气比例高导致可燃性降低以及水分蒸发吸热导致的局部温度降低等因素使原本位于稀密相区交界处的挥发分燃尽区域显著沿烟气流动方向向炉膛上部延伸，现有位置喷入的二次风无法让挥发分燃尽，导致局部区域氧气存在过量的情况。研究显示流化床内部在没有二次风扰动的情况下，气固相物质在炉膛截面上的横向扩散能力并不显著，这种特性导致在炉膛中上部的会存在气相浓度场的不均匀，在氧气浓度较高区域氮氧化物的形成受到促进，而在氧气浓度低的区域会由于挥发分燃尽程度低而导致烟气中 CO 含量剧增降低锅炉热效率。

为了改变上述情况，比较合理的办法是降低现有二次风口高度入炉的风份额，将这部分二次风在炉膛高度方向更高的位置送入锅炉，该位置的选择依据为：该高度入炉燃料挥发分析出过程必须已基本完成；该处炉膛温度水平较高以利于挥发分燃烧具有较高的速率；二次风的动量能在该处对炉膛截面实现较均匀的穿透；没有其他威胁锅炉运行的其他负面影响。通过炉膛截面风速以及评估细颗粒燃料入炉析出挥发分的动态过程所获取的颗粒挥发分析出时间，建议弃用现有下层二次风喷口，在炉膛标高 15～16m 附近的前、后墙上开新的二次风口，前、后墙各 5 个，采用对冲布置。二次风改造建议方案如图 6-5 所示。

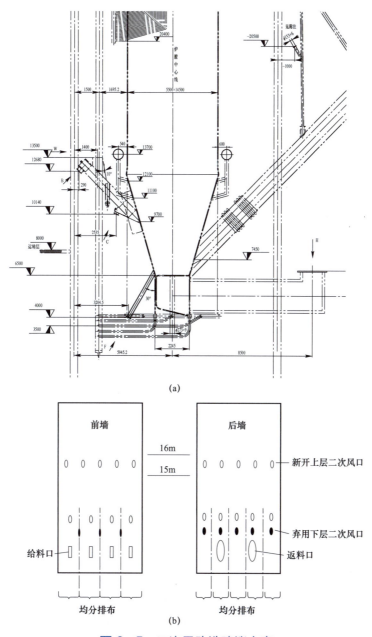

(a)

(b)

图 6-5　二次风改造建议方案

（a）蓝条位置为新开二次风高度；（b）建议的二次风设置方案

上述改造中由于新开的二次风口位于炉膛稀相区内侧无耐磨浇注料的水冷壁区域，二次风让管内壁形状以及二次风引入炉膛射流对炉内颗粒流动场的扰动极易引起二次风开口附近水冷壁管的磨损。

该方案的概况如图 6-5（b）所示，将现有下层二次风总管的阀门关闭并确保隔断，相应风口弃用，在炉膛标高 15～16m 附近的前、后墙上开新的二次风口，该高度由原料入炉水分析出所需时间结合烟气截面流速估算得到，具体位置可在该时间范围内根据刚性梁和平台布置灵活确定。锅炉前、后墙各新开 5 个二次风口，采用对冲布置，开口口径与原二次风口一致，需要在相应位置考虑水冷壁管让管措施才能实现。二次风开口内部根据前述专利设置局部高温浇注料（采用水冷壁鳍片上焊接爪钉方式固定）。该层二次风总风管可以从二次风总管引出并提升到接近 15～16m 标高，分别在前、后墙水平布置以便引出相应的二次风支管连接风口。

该方案实施后可显著改善分级布风的低氮燃烧效果，从而可以在正常过量空气系数条件下做到较低的氮氧化物排放浓度。结合前述给料均匀性改善方案的实施，结合燃烧类似燃料同类电厂经验，可望在实施后实现尾部烟道烟气中氧含量 3.5%情况下，氮氧化物折算排放浓度 80～110mg/m³（标准状态），此时烟气中 CO 应该能降低到 1000mg/m³ 以下，相应的锅炉效率提升可以在 4%～5%以上（绝对值），从而带来巨大的经济收益。

6.4.2 返料器

该项目锅炉在以往运行中曾经出现旋风分离器出口烟气进入尾部烟道处的吊挂管异常磨损爆管引发的停炉事故，根据现场情况分析，直接的原因是烟气中颗粒冲刷导致的悬吊管管壁异常磨损；在排除了烟气流动不均匀形成烟气走廊、颗粒局部偏析等因素后，分离器后烟气中颗粒浓度异常偏高成为主要怀疑对象，但是考虑到旋风分离器的工作原理，在调取分散控制系统（DCS）中分离器前后压力数据以及实地考察分离器内壁的平整状态后，一些典型的可能导致分离器效率降低的因素被排除，返料器的工作状态成为主要怀疑对象。

返料器物理上位于炉膛和分离器之间，功能上起到隔绝两者之间气相空间，但是又能将分离器分离下的颗粒送回炉膛的重要作用。返料器的工作具有自平衡特性，是维持循环流化床稳定运行的关键部件之一。通过实地观察以及 DCS 数据记录发现该项目的返料器由于关键测点参数设置有误，DCS 上的数据难以反映返料器的工作状态，锅炉操作人员无法通过这些参数监控到返料器是否处于良好的工作状态，分离器后悬吊管异常磨损的事故很大可能是由于返料器不正常导致返料不畅；发生上述事故可能是由于返料器工作异常导致返料中断或者返料量低，在炉内循环倍率较高的情况下，分离器分离下的物料量较多，出现了立管内的物料高度持续上升到分离器椎体的底部的情况，一旦分离器锥底内积存有颗粒，就会从根本上破坏分离器的分离效果，大量的颗粒被烟气携带进入尾部烟道，并在惯性作用下对悬吊管靠近炉顶部位产生剧烈的磨削作用，引发爆管。

根据锅炉运行过程中炉膛内的压力的温度变化判断，由于返料温度没有显著降低，上述发生异常时返料器并没有彻底不通，而是由于返料器返料风量过小导致其工作在临界状态，返料器的自平衡作用丧失，此时即便是立管高度已经非常高，由立管向分离器的串气量基本为零，也没法提升回料管内物料的返送量；如果返料器处于这种情况，在燃料中带入的细颗粒增加等因素同时存在的情况下，就会出现上述的立管内料位不断升高最后破坏分离器工作，引起爆管事故。

循环流化床正常运作中，需要监视的返料器参数包括返料温度、返料风室（立管侧和回料侧）风压，运行中一旦发生返料中断，则返料温度会明显降低，如果发生立管料位异常升

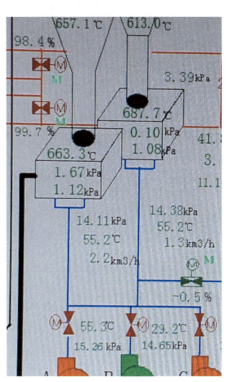

图 6-6　返料器 DCS 参数

高，则立管侧风室的风压将会大幅升高，综合考虑这些参数可以对返料器的工作状态有正确的了解，但是如图 6-6 中的圆圈中压力所示，该项目返料器的两个压力测点经现场确认是从风板上方的返料器返料空间内引出，其数据没有可参考的价值，DCS 中返料风管上的风压信号则是从返料风阀门上游取压，测量得到的数据为风室风压和阀门压降之和，其数据基本等于罗次风机全压，基本维持稳定，既不能反映返料风阀的开度信息也不能反映返料器的工作状态。

鉴于上述分析，建议仔细检查返料器管路相关阀门的开度状况，确保返料风流量符合设计值；另外重新布置返料器的压力测点，确保可以在运行中随时监控返料器两个风室的压力，以掌握其运行状态。

该方案的实施仅需要在热工仪表管路层面进行调整，成本极低。该方案带来的有益的效果为可以实时准确地从 DCS 上获取锅炉运行物料循环方面的信息，从而可以对炉内颗粒粒度蓄积、粒度分布以及流态化流型等很重要指标进行判断，为机组的安全高效运行提供支撑和保障。

6.4.3　旋风分离器阻力调整

根据对项目所属锅炉运行状态的观察以及对飞灰粒径的分析，锅炉的循环分离器分离效率满足设计要求，但是分离器前后的压降大约在 3kPa，显著高于 1577Pa 的设计值。过高的分离器压降引发的主要问题是增加了引风机电耗，甚至在高水分工况下，由于烟气量增大，导致引风机出力不足成为锅炉机组达不到满负荷的限制因素。

旋风分离器的压降和气体入口速度和分离器各部分尺寸相关，其中分离器压降和入口流速的平方相关。显然，前述燃料中偏高的水分导致的烟气量增加导致的分离器入口流速增加是引起分离器压降升高的主要原因。经计算，在燃料平均水分为 45%情况下的烟气量，在锅炉出力、效率均维持不变的情况下，将比锅炉设计燃料工况烟气量大 18%，考虑到高水分工况运行的锅炉效率会显著降低，燃料消耗量相应增大，实际运行中烟气量增大的幅度还要更大，初步计算显示，目前的高水分燃料工况，分离器入口的烟气平均流速高达 30m/s，显著高于设计数据。

在锅炉现有设计中，水平烟道后布置的两个上排气蜗壳式绝热旋风分离器，入口尺寸为 3500mm×1300mm，入口向下倾斜 10°，分离器俯视图如图 6−7 所示。

根据现场设备结构，此研究建议对分离器入口实施改造，将宽度从原 1300m 扩大到 1500mm，这样可以将分离器入口风速降低到 25m/s 左右，从而兼顾分离效率和工作阻力。具体的实施方案可根据图 6−7 中方案，将分离器与炉膛水平烟道中隔墙衔接部位削薄以扩大分离器入口宽度。

以上改造带来的预期效果为在额定运行工况现有烟气量条件下将分离器阻力由现有的 3kPa 降低到设计值 1.6kPa。带来的收益主要为降低引风机负荷，一方面由于总压降低，引风机在同样引风量条件下的电耗会显著降低（需要根据风机特性曲线确定工况点变化，定量计算节省耗电，从而计算收益）；另一方面降低分离器阻力可以改变风机工况点，在同样电动机出力情况下显著提高引风机引风量，从而可以缓解由于燃料水分增加而大幅增加的烟气量导致的引风机出力不足情况（具体提升的引风量也需要在风机工作特性曲线上定量求取）。

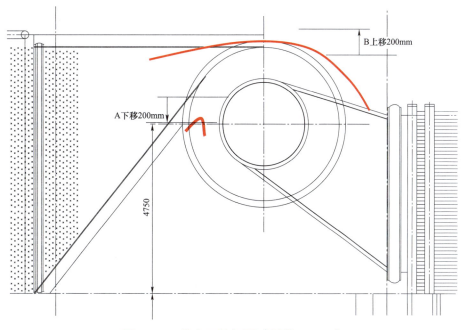

图 6-7　分离器俯视图（单位：mm）

6.4.4　旋风分离器进口段布置燃尽风方案

炉内低氧燃烧对控制炉内氮氧化物的形成具有较好的效果，但另一方面使得烟气中的 CO 浓度急剧升高，降低锅炉效率。依据《2 号锅炉燃烧优化调整试验报告》鉴于目前分离器出口工作温度基本在 600℃以下。为进一步提高 CO 燃尽率，可采用分离器入口补充燃尽风方案，即将部分二次风从旋风分离器入口送入，烟气与送入的二次风在分离器内混合燃烧，进一步燃尽烟气中 CO；沿每个分离器入口高度方向布置三个内径为 150cm 的二次风口，以 15°倾斜角度沿烟气流向送入烟道（燃尽风、SNCR 喷氨点布置位置建议图如图 6-8 所示）；同时，为避免分离器出口烟气温度过高导致低温过热器积灰严重现象，可通过增加转向室入口凝渣管受热面面积的方案适当降低烟气温度。运行时依据烟气含氧量、温度分布为控制依据。

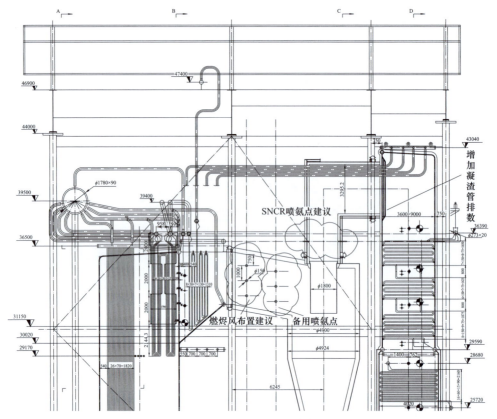

图 6-8 燃尽风、SNCR 喷氨点布置位置建议图

该二次风燃尽方案是独立的 CO 燃尽方案，针对炉膛内由于各种不正常情况对挥发分难以实现燃尽而导致的 CO 异常升高，主要利用锅炉旋风分离器内强烈的扰动增加燃尽风中氧气和 CO 的混合，从而实现 CO 的燃尽。由于高浓度的 CO 在绝热的分离器内部燃烧放热，会导致分离器内温升，考虑到尾部烟道沉积生长速度随烟气温度升高会显著增加，需要配合转弯烟道凝渣管受热面以控制烟温。在 6.4.2 改造措施实施的情况下，炉膛内部的挥发分燃烧不良情况可以得到很大程度扭转，此措施可以作为将 CO 浓度进一步降低的补充方案来实施，由于进入分离器烟气中 CO 的绝对浓度不高，放热量大幅度减轻，因而无须后续转弯烟道中进行额外受热面的设置，这可以大幅降低改造实施成本。分离器入口按照图 6-8 所示的位置和口径增加燃尽风送入口，配入的燃尽风量可根据尾部氧量 3.5% 的基准进行调整。由于该方案结合 6.4.2 改造的本质是供风深度分级燃烧技术方案，分离器处的燃尽风充当最后一级分级供风，其上游的炉膛空间可维持一定程度的缺氧燃烧，从而可在控制 CO 的高效燃烧基础上实现低氮燃烧。采用该方案的核心收益为在氮氧化物排放浓度的维持 80～110mg/m³（标准状态）的基础上将排烟中的 CO 浓度降低。当然，该方案实施也有略微提升锅炉效率的作用。

6.4.5　SNCR 改造方案

根据现场了解的情况，在炉膛燃烧过量空气系数 1.2（烟气氧含量 4%～5%）的情况下，锅炉的主蒸汽压力 NO$_x$ 排放浓度一般在 120～140mg/m³（标准状态），如果刻意压低燃烧氧量，可以勉强将氮氧化物排放控制在 100mg/m³（标准状态）以下，但是会造成严重的气相不完全燃烧损失，显著降低锅炉效率。经过给料均匀性改造和二次风改造后，在效果理想的情况下，根据类似燃料条件生物质发电项目的运行经验，有望在正常燃烧过量空气系数情况下实现挥发分基本燃尽的，同时将锅炉氮氧化物排放浓度较稳定地降低到 100mg/m³（标准状态）以下。如果需要进一步降低氮氧化物排放指标则需要采用进一步的低氮措施，其中，SNCR 是目前采用较多的一种炉内低氮措施，由于生物质锅炉燃烧温度低，SNCR 方法中喷入的氨水的反应率不高，因而脱硝效率受影响，一般可以做到 40%～50% 的脱硝效率，但是存在氨水耗量大和烟气中残余的氨成分较高的弊端。

对于该项目锅炉，采用 SNCR 方案相对来说改造工作量较小，投资较小，虽然其效率稍低，但有望实现氮氧化物排放浓度低于 50mg/m³（标准状态）。依据现有锅炉方案，结合燃尽风的布置方案，为避免喷入氨水氧化的可能性，可以考虑在分离器出口管布置喷氨点；同时改造时，分离器入口区域设置喷氨点，如现场条件允许，喷氨点与燃尽风布置在分离器入口的不同侧。这样，必要时可以采用分离器入口、出口联合喷氨的 SNCR 方案。布置方案如图 6-8 所示。

6.4.6　其他低氮措施

依据目前相关氮氧化物控制技术发展现状，以及该项目特点，SCR、强氧化剂氧化脱硝法及高温复合滤袋等技术具备一定的实施可行性。

（1）SCR 脱硝技术。SCR 脱硝技术是燃煤电厂常用的烟气脱硝技术，随着催化剂技术的发展，目前生物质电厂普遍担心的炉内碱金属物质对催化剂活性的毒害问题已经解决，先期采用 SCR 技术的生物质电厂在半年多的实际运行过程中未发现脱硝催化剂显著失活的情况，且催化剂厂家一般可以给出生物质电厂应用条件下 2 年内催化剂活性不降低的承诺，采用 SCR 技术的优势是可以实现较高的脱硝效率 70%～80%，且氨水消耗量显著低于 SNCR 技术；其弊端是需要一定的温度条件，一般而言其适用的位置在省煤器部位，该项目锅炉设计过程中未考虑后续添加 SCR 的可能，在尾部烟道中没有足够的空间，因而需要将合适温度的烟气引出进入 SCR 反应器，脱硝后的烟气再引回后续受热面进行换热，从而需要较大的改造工作量；另外 SCR 应用于生物质锅炉需要注意的是积灰问题，生物质轻软、易黏附的特性需要在 SCR 流场设计和防灰措施方面进行特殊的考虑，否则容易引起堵塞。

（2）强氧化剂氧化脱硝法。强氧化剂氧化脱硝法包括臭氧氧化、次氯酸钠氧化，其基本思路为利用上述强氧化剂将烟气中 NO 氧化成水溶性较高的高价态氧化物甚至硝酸盐，随后利用湿法采用碱液洗涤烟气达到脱硝的目的，该方法所需强氧化剂在氮氧化物较高的情况下用量较大，还需要额外的湿法烟气洗涤塔等装置（有湿法脱硫的燃煤机组可以利用现有脱硫塔），因而在成本和复杂性方面并不占优势。

（3）高温复合滤袋。高温复合滤袋技术为台湾引进技术，目前国内由永耀琦泉公司在做生产推广，其核心技术为高温陶瓷纤维滤管技术，通过在高温复合滤筒上涂覆脱硝催化剂可以实现除尘脱硝一体。目前在国内有琦泉集团旗下的生物质电厂在进行示范运行，长期运行效果有待考察。

6.5 改 造 效 果 分 析

通过上述综合技术改造，改造后取得了较好的改造效果。如图 6-9 所示为满负荷下，烟囱排放口氮氧化物排放浓度随着时间变化规律，改造后主蒸汽压力 NO_x 浓度相比改造前大幅度降低，说明改造取得了较好的效果；同时从图 6-10 的 CO 测量结果，改造后 CO 排放浓度大幅降低，由改造前最高 $14000mg/m^3$ 降低为 $2000mg/m^3$ 以下，说明此次低氮技术改造在降低主蒸汽压力 NO_x 排放浓度时，没有造成锅炉效率降低，反而降低了 CO 排放浓度。如图 6-11 所示的分离器烟气侧改造前后对比表明，改造后分离器侧烟气侧阻力大幅度降低。

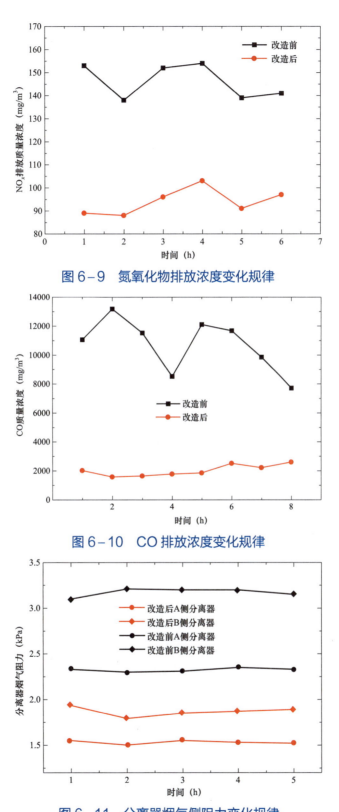

图 6-9　氮氧化物排放浓度变化规律

图 6-10　CO 排放浓度变化规律

图 6-11　分离器烟气侧阻力变化规律

6.6 结 论 及 建 议

该研究就广东粤电湛江生物质发电有限公司所属 220t/h 高温高压生物质循环流化床锅炉投运以来的设备运行情况，着重分析了其在氮氧化物排放和经济安全运行等方面存在的问题。通过现场考察和理论分析，根据项目现有燃料和设备条件，提出了如下可能的改进和优化措施：

（1）进一步加强生物质燃料备料过程中的尺寸管理，控制大于 100mm 以上物料的含量，以改善入炉燃料的均匀性。

（2）针对给料系统建议着重改进给料均匀性。具体措施为在料仓壁一级绞龙出料端以及一级、二级绞龙衔接处设置旋转均料结构。

（3）落料管处的输料辅助风的风口结构和风量检查确认，杜绝过高水分燃料入锅炉（大于 50%），以尽可能杜绝落料管堵塞问题的频繁发生。

（4）调整二次风布局，关闭现有下层二次风风门，在炉膛 15～16m 标高处重新在前后墙开 10 个二次风口，风口让管处内壁采用浇注料保护，浇注料上沿采用专利防局部磨损结构。二次风改造预计可以在降低氮氧化物排放的情况下，保证对挥发分的燃尽，将化学未燃尽损失降低到 1%以下。

（5）确保返料器的正常工作，检查确保返料风管路的阀门开度合理，确认运行中满足设计风量的返料风可以进入返料器；纠正返料风室风压的测压点，确保在 DCS 上可以可靠监控返料器风室风压、返料温度，并通过这些参数对返料器工作状态、立管高度、锅炉循环倍率等重要情况进行判断。

（6）将分离器入口宽度由原有的 1.3m 扩大到 1.5m，降低分离器入口风速，从而有效降低分离器阻力。扩展的方案可以根据选择在分离器与水平烟道中隔墙交界处进行，该方案改动工作量小；也可选择在分离器与水平烟道外侧墙交界处拓宽，该方法改动工作量略大，但是良好的蜗壳状外侧墙结构对分离效率的提升有利。

（7）分离器入口布置燃尽风，通过炉内低氧燃烧控制氮氧化物生成量的同时，保证 CO 的气体的燃尽率。同时可考虑增加转向室入口凝渣管排数，以控制低温过热器入口烟气温度。

（8）采用分离器出口喷氨为主，分离器入口喷氨为辅的 SNCR 脱硝方案，有望将氮氧化物排放控制在 50mg/m³（标准状态）以下。

（9）通过给料均匀性改造结合二次风口及燃尽风的调整，有望将该项目生物质循环流化床的氮氧化物本体排放降低到 100mg/m³（标准状态）以下；为实现氮氧化物的超低排放，可通过 SNCR 措施的采用，将烟气排放降低到 50mg/m³（标准状态）以下；同时 SCR 技术可以作为氮氧化物稳定在超低排放水平的一种可行方案。

第 7 章
生物质 CFB 锅炉供热改造技术研究

7.1 概　　述

随着社会经济的快速发展，集中式供热需求不断增长，小型分散工业锅炉供热面临高耗能、高污染、低热效率等问题，不符合国家节能减排淘汰落后产能的政策要求[47]。随着国家蓝天保卫战三年行动计划的实施，小型分散供热锅炉逐渐将被淘汰[48]，清洁供热逐渐兴起，清洁热源需求增长；而在清洁供热中应用较为成熟和便利的天然气供热受到气源紧缺，成本较高的限制，取得的效果不理想。对比各类清洁能源蒸汽成本来看，生物质供热的综合成本较低，技术成熟，逐渐成为工业生产清洁供热的主力军。

以 50MW 纯凝生物质发电机组为例，结合热用户需求对 3 种可选供热改造方案进行比较分析，提出经济性较好的优选方案并在技术层面上进行分析论证。

7.2 供　热　概　况

某电厂 2×50MW 发电机组汽轮机为 N50-88.3/535 型高温高压、单轴、单缸、冲动凝汽式汽轮机，由东方汽轮机厂制造，汽轮机在汽轮机额定负荷（turbine rated load，TRL）的主要热力特性参数见表 7-1。

表 7-1　　　　　　汽轮机主要热力特性（TRL 工况）

项目	流量（t/h）	压力（MPa）	温度（℃）
主蒸汽	191.2	8.83	535
一段抽汽	11.284	2.477	378.7

续表

项目	流量（t/h）	压力（MPa）	温度（℃）
二段抽汽	6.882	1.363	308.1
三段抽汽	7.861	0.882	260.1
四段抽汽	7.108	0.303	155.0
五段抽汽	9.547	0.133	107.7
六段抽汽	3.098	0.040	75.6

工业园热用户主要有饲料、医药、食品等生产制造企业，供热所需蒸汽参数全年较为稳定，蒸汽参数要求为 0.8～1.0MPa，180～200℃，流量 50t/h，考虑供热管道温度、压力损失，设计供热蒸汽参数为 1.25MPa，230℃。

7.3　改　造　方　案

凝汽式汽轮机供热改造常用的方案有三种：一是将高压蒸汽减温减压后使其达到供热参数要求；二是对汽轮机本体进行通流改造[49-52]；三是利用压力匹配器将高压蒸汽与低压蒸汽混合使其压力、温度达到蒸汽参数要求。结合热用户需求，尽可能降低投资成本，提高机组运行经济安全性能，可选的供热方案主要有如下三种方式。

方案一：切除 1 号高压加热器、2 号高压加热器进行取汽供热，分别对一段、二段抽汽进行减温、减压并汇集于分汽缸进行对外供热，汽轮机本体结构不做改动，工艺流程图如图 7-1 所示。根据汽轮机厂家提供热平衡图核算各汽源参数，方案一汽源参数见表 7-2，一段、二段抽汽蒸汽品质与热负荷参数较接近，TRL 工况下两台机组一段、二段抽汽量为 52t/h，主蒸汽减温、减压后蒸汽作为备用气源，该方案改造工程量小，技术方案较成熟，对原系统影响小，但经济性一般，特别是一台机组停运时需主蒸汽减温减压后作为补充汽源，焓值损失大，影响机组经济性。

表 7-2　　　　　　　　　方案一汽源参数

项目	流量（t/h）	压力（MPa）	温度（℃）
主蒸汽	191.2	8.83	535
一段抽汽	12	2.903	399.6
二段抽汽	14	1.628	329.8

方案二：对汽轮机本体打孔抽汽对外进行供热。对汽轮机本体进行小范围改造，即在原二段抽汽口附近沿圆周方向左、右各增加一个非调整抽汽口，对汽轮机第八级通流进行改造，同时对机组抽汽止回阀和快关阀进行改造，改造后单台机组即可满足 50t/h 抽汽量的需求。该方案改造后机组通流匹配性更合理，经济性高；但改造后抽汽流量大大增加，高压部分调节级前与抽汽口压差增大，通流部分容易过负荷，需要对该级叶片强度加强防止叶片受力增大出现断裂事故。图 7-2 为供热改造示意图。

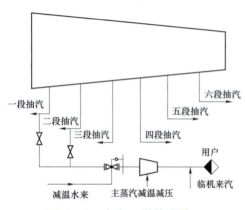

图 7-1　方案一供热改造

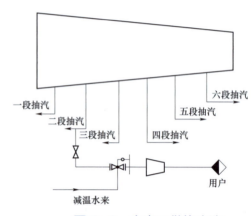

图 7-2　方案二供热改造

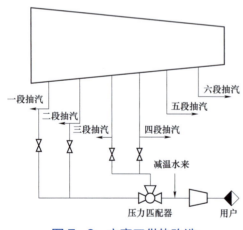

图 7-3　方案三供热改造

方案三：一段抽汽、二段抽汽作为高压汽源，三段抽汽、四段抽汽作为低压汽源，利用压力匹配器将高压、低压气源进行混合再汇集于分汽缸经减温减压后对外供汽，如图 7-3 所示。根据汽轮机厂家提供热平衡图核算各汽源参数，见表 7-3，在不改造汽轮机本体的情况下，采用压力匹配器混合高低压汽源经减温减压后，TRL 工况下两台机组可产生 52t/h 蒸汽量，主蒸汽减温减压后蒸汽作为备用汽源。该方案改造工程量较小，经济性较方案一好，但供热系统运行复杂化，维护工作量大，同时压力匹配器的蒸汽参数调节范围小，机组变工况运行时供热蒸汽参数不稳定。

表 7-3 　　　　　　　　　　方案三汽源参数

项目	流量（t/h）	压力（MPa）	温度（℃）
一段抽汽	9	2.848	396.6
二段抽汽	9	1.619	328.7
三段抽汽	4	0.845	256.5
四段抽汽	4	0.292	152.6
混合汽源	26	1.6	306.5

7.4 热经济性比较

（1）方案一切除 1、2 号高压加热器取汽供热，在 TRL 工况下，单台机组输出功率 50MW，对外供热量为 26t/h，两台机组运行最大可满足 52t/h 的供热量，机组热耗率为 9110kJ/kWh。

（2）方案二汽轮机本体打孔抽汽供热，在 TRL 工况下，单台机组输出功率 50MW，单台机组即可对外供热量 50t/h，机组热耗率为 8189kJ/kWh。

（3）方案三利用压力匹配器混合高压、低压汽源进行供热，在 TRL 工况下，单台机组输出功率 50MW，对外供热量为 26t/h，两台机组运行最大可满足 52t/h 的供热量，机组热耗率为 8916kJ/kWh。

（4）对以上三种方案的热经济性进行比较，结果见表 7-4。由表 7-4 可知，在相同发电和供热负荷情况下，方案二的热耗率最低，较方案三降低 727kJ/kWh，较方案一降低 921kJ/kWh，同时方案二年度燃料消耗增加量最低，仅为 3.49 万 t 生物质燃料。另外，方案一和方案三在单台机组运行时需要主蒸汽减温减压后作为补充汽源，导致主蒸汽焓值损失大，影响机组经济性。因此，在满足供热用户需求的同时，尽可能提高机组经济性，推荐采用方案二进行改造。

表 7-4 　　　　　　　供热改造方案热经济性比较

项目	方案一	方案二	方案三
供热负荷（t/h）	26	26	26
汽轮机进汽量（t/h）	191.8	208.1	199.9

续表

项目	方案一	方案二	方案三
供热压力（MPa）	1.25	1.25	1.25
供热温度（℃）	230	230	230
发电负荷（MW）	50	50	50
热耗率（kJ/kWh）	9110	8189	8916
燃料增量（万 t/年）	4.36	3.49	3.92

注 以上数据按照单台机组年利用小时 7300h 计算，燃料消耗为生物质燃料。

7.5 方案论证及系统改造

根据热经济性比较结果，方案二汽轮机本体打孔抽汽改造对外供热方案优势明显，但需要对方案的关键技术进行分析论证和风险评估。

7.5.1 抽汽口开孔设计

在汽轮机热耗率验收工况（turbine heat acceptance，THA）下，汽轮机二段抽汽（即第 8 压力级后）压力 1.363MPa，为满足供热需求，开孔抽汽位置选在汽轮机高压段第 8 级后，在原有二段回热抽汽口旁边沿圆周方向左右各开一个孔口，打孔抽汽供热改造如图 7-4 所示。

为减少开孔口在圆周方向上的长度，开孔设计为椭圆形，开孔尺寸根据抽汽参数、抽汽量和蒸汽流速计算确定[52-56]，计算公式如下：

$$F = GV / C\mu \tag{7-1}$$

式中 F ——开孔面积，m^2；

G ——抽汽量，kg/h；

V ——抽汽比体积，m^3/h；

C ——抽汽蒸汽流速，m/s；

μ ——阻力系数，一般取 0.95。

抽汽口蒸汽流速通常保持在 30～40m/s。抽汽口采取对称布置，以便使汽流在汽缸内对称流动。由于非调整抽汽的蒸汽压力随总进汽量变化而变化，因此非调整抽汽要求比较稳定的抽汽量并与额定进汽量相适应。当抽汽量大于额定进汽量的 25% 时，为保证所要求的抽汽参数，考虑对抽汽口后压力级的隔板堵塞一定数量的喷嘴。抽汽口开孔采用机械钻孔后修磨工艺，接管时需将汽缸局部预热到 250～300℃，避免汽缸产生变形。同时，抽汽管路应考虑合适的间距便于工作，管道导向支架应允许管道在前后左右方向膨胀，避免抽汽管道膨胀受阻[57-61]。

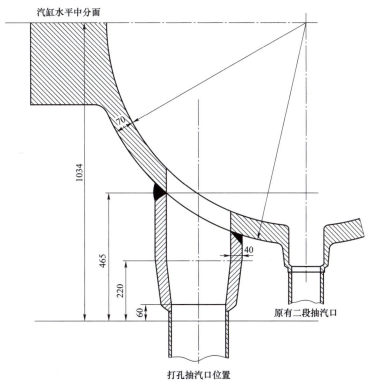

图 7-4　打孔抽汽供热改造（单位：mm）

7.5.2　凝汽器补水除氧改造

原两台机组正常运行补充除盐水量约为 70t/天，供热改造后补充除盐水量增至约 52t/h，除盐水补水中含氧量约为 7000μg/L，凝汽器出口凝结水含氧量将急剧上升[53]。为避免锅炉热力系统管道产生氧腐蚀，需要对凝汽器喉部补水喷嘴进行改造，使出口凝结水含氧量控制在 30μg/L 以下。通过在凝汽器喉部补水管出口增加两组新型膜式喷嘴，补充除盐水通过膜式喷嘴在喉部形成水幕，利用汽轮机排汽加热除盐水，溶解在除盐水中的氧析出随抽真空系统排出，最终实现降低凝结水含氧量的目的。

7.5.3 汽水系统加药方式调整

热用户对供热蒸汽的利用方式有 2 种，一种是间接使用蒸汽加热，只利用热能来加热、做功，另一种是利用蒸汽直接接触加热食品级产品。对于直接接触利用蒸汽对汽水品质要求较高，必须满足 GB/T 5749—2022《生活饮用水卫生标准》的要求。原机组给水采取还原性全挥发处理［all-volatile treatment（reduction），AVT（R）］方式除氧，这种方式加入了剧毒物质联氨，联氨在炉内水处理中起到化学除氧作用，虽然联氨在 300℃时能与氧有效反应并分解，但由于蒸汽的携带作用有可能会造成供热蒸汽携带联氨或是造成蒸汽氨氮超标不符合 GB/T 5749—2022《生活饮用水卫生标准》的要求。因此，将 AVT（R）改为弱氧化性全挥发处理［all-volatile treatment（oxidation），AVT（O）］方式，即是采取给水停止加联氨，保持给水处于微氧环境，仅利用除氧器进行热力除氧将给水含氧量控制在 10μg/L 以内，同时调整高压给水 pH 值在 9.0～9.2，这样既可防止热力系统氧腐蚀，又满足热用户对蒸汽品质的要求[57-61]。

7.5.4 化水车间制水改造

机组对外供热后，冷凝水不考虑回收，改造后机组正常供热除盐水补水按照 60t/h 计算，考虑机组特殊情况下，例如锅炉爆管、热态启机，机组短时间内补水量预计超过 140t/h，而改造前两台机组除盐水补水母管 $\phi 108 \times 4$ 及分支补水管 DN50 是不满足改造后除盐水补水量的要求，需要将除盐水补水母管、到两台机组凝汽器的分支补水管道、补水泵入口母管及相关阀门等配套设备进行改造，改造管道按照最大补水量进行设计，确保满足凝汽器补水需求。此外，为满足除盐水补水的出力，对原化水处理车间除盐水泵进行扩容改造为 $3 \times 60t/h$，一用两备。

综上所述，采用方案二改造后，机组运行安全风险可控，方案具备可行性。

7.6 结　论

（1）通过对高压加热器切除、非调整打孔抽汽、高/低压汽源匹配三种供热改造方案进行比较分析，得出非调整打孔抽汽供热改造方案热经济性最优。

（2）对非调整打孔抽汽供热改造方案，从抽汽口开孔设计、凝汽器除氧改造、汽水加药方式调整、化水车间制水能力等方面进行分析论证，得出非调整打孔抽汽供热改造方案的可行结论。

（3）采取非调整打孔抽汽供热改造方案实施后，机组由凝汽式改为抽凝式，进汽参数不发生改变，单台机组抽汽量可达到 50t/h，满足热用户需求。在抽汽量 50t/h、发电功率 50MW 工况时，机组热耗率为 8189kJ/kWh，热效率可达到 61.94%，热电比为 92.3，符合供热改造要求。

第 8 章
生物质 CFB 锅炉环保测量技术研究

8.1 概　　述

该项目由广东粤电湛江生物质发电公司投资建设，是国内单机容量最大的生物质发电工程。项目一期拟新建两台 50MW 级生物质发电机组。

项目厂址位于湛江市遂溪县白泥坡工业聚集地，北距遂溪县城中心约 5km，东南距湛江市约 18km。厂址东距广海高速公路约 2.4km，南距渝湛高速公路约 0.5km，西距 207 国道约 1.5km，西南距 220kV 遂溪变电站约 5.5km。厂址东北距西溪河约 2.5km，距雷州青年运河东海河约 4.5km。

该项目可以利用的燃料包括桉树砍伐加工产生的树皮、枝叶；木材、家具加工产生的废料如边角料、木段、刨花、锯末、碎板等；甘蔗收割和制糖过程中遗弃的蔗叶、蔗渣；果木种植过程中定期剪枝产生的废枝叶和水稻、玉米收割后产生的秸秆。燃料来源于拟建厂址 60km 半径范围内，燃料收集区域基本覆盖了湛江主要林区和农业种植区，有利于生物质燃料的收集。该项目燃料采用汽车运输到厂。接入系统经两回 110kV 出线接至遂溪变电站。电厂水源取自西溪河和雷州青年运河，冷却水采用机力通风冷却塔的循环供水系统。厂址工程地质条件较好，主要建构筑物可采用天然地基。厂址地形地貌主要为玄武岩台地，地面高程在 27～34m（1956 年黄海高程，下同），地形坡度较平缓。一期工程三大主机按国产高温高压参数机组考虑。锅炉选用 220t/h 生物质燃料循环流化床锅炉，汽轮发电机组选用 50MW 级凝汽式汽轮发电机组。

本章介绍了 1 号机组污染物排放进行了测试结果。

8.2　设　备　概　况

锅炉规范：HX220/9.8－Ⅳ1。

锅炉型式：高温高压生物质循环流化床锅炉，自然循环、单锅筒、单炉膛、露天布置、全钢构架悬吊结构。

锅炉最大连续蒸发量：220t/h。

锅炉负荷类型：锅炉带基本负荷并能调峰，锅炉最低稳燃负荷为 30%BMCR。锅炉两次大修间隔大于 4 年，小修间隔大于 8000h。机组在投入商业运行后，年利用小时数不小于 6500h。

引风式：每炉 2 台离心式风机。

除灰方式：气力除灰。

厂用压缩空气压力：0.4～0.8MPa（g）。

冷却水系统型式：开式冷却。

冷却水工作温度（正常/最高）：25/38℃。

冷却水工作压力（正常/最高）：0.3/0.4MPa。

厂用电系统高压：6kV、三相、50Hz；额定值 200kW 以上电动机的额定电压为 6kV。

厂用电系统低压：低压交流电压系统为 380/220V、三相四线、50Hz；额定值 200kW 及以下电动机的额定电压为 380V；交流控制电压为单相 220V。

直流控制电压为 110V，来自直流蓄电池系统，电压变化范围为 93.5～121V。

8.3　燃　料　资　料

8.3.1　燃料及灰成分分析

该工程可以利用的燃料包括桉树砍伐加工产生的树皮、枝叶；木材、家具加工产生的废料如边角料、木段、刨花、锯末、碎板等；甘蔗收割和制糖过程中遗弃的蔗叶、蔗渣以及其他可能的当地农业生产废弃物。生物质燃料的品质分析资料见表 8－1，生物质燃料灰品质分析资料见表 8−2，K、Cl 等无机物含量测试见表 8−3，灰熔点温度分析见表 8−4。

表 8−1 生物质燃料的品质分析资料

序号	名称	符号	单位	树根	树干	树皮	树枝	甘蔗叶
1	碳	C_{ar}	%	42.88	39.57	13.66	29.83	39.80
2	氢	H_{ar}	%	5.55	5.10	1.53	3.11	4.87
3	氧	O_{ar}	%	35.07	32.75	12.00	24.09	38.71
4	氮	N_{ar}	%	0.30	0.22	0.18	0.44	2.46
5	硫	S_{ar}	%	0.07	0.04	0.02	0.11	0.13
6	水分	M_{ar}	%	15.32	21.85	70.76	40.28	10.86
7	灰分	A_{ar}	%	0.80	0.48	1.84	2.15	3.16
8	挥发分	V_{ar}	%	67.43	65.15	21.54	44.89	71.20
9	固定碳	FC_{ar}	%	16.45	12.52	5.85	12.69	14.78
10	低位发热量	$Q_{net,ar}$	kJ/kg	15835	14488	2964	9939	12472

表 8−2 生物质燃料灰品质分析资料

序号	成分	单位	树根	树干	树皮	树枝	甘蔗叶
1	CaO	%	10.57	27.33	42.34	25.31	8.73
2	MgO	%	0.94	6.04	6.95	5.75	5.00
3	Al_2O_3	%	1.04	0.70	0.64	6.08	10.99
4	Fe_2O_3	%	2.74	0.25	0.12	0.61	0.63
5	SiO_2	%	37.65	3.34	0.71	7.12	53.29
6	K_2O	%	16.55	22.45	7.41	29	18.14
7	Na_2O	%	10.44	5.89	6.37	0.6	0.25

表 8-3　　K、Cl 等无机物含量测试 [无机成分质量比（收到基），%]

序号	样品	水溶性钾	全钾	水溶性钠	水溶性氯	水溶性硫酸根	水溶性钾
1	树根	0.123	0.364	0.082	0.166	0.095	8.73
2	树皮	0.120	0.176	0.113	0.420	0.0004	5.00
3	树枝	0.558	0.569	0.017	0.357	0.146	10.99
4	树干	0.105	0.246	0.033	0.051	0.071	0.63
5	蔗叶	0.945	1.087	0.018	0.371	0.983	53.29

表 8-4　　　　　　　　　灰熔点温度分析（℃）

序号	名称	变形温度 DT	软化温度 ST	半球温度 HT	流动温度
1	桉树叶	1365	1405	1420	1450
2	桉树皮	>1500	>1500	>1500	>1500
3	桉树枝	865	900	>1500	>1500
4	桉树杆	835	>1500	>1500	>1500
5	桉树头	1085	1145	1220	1340
6	甘蔗渣	975	1125	1195	1295
7	甘蔗叶	1020	1040	1090	1130
8	木材边角	890	905	1450	1495

该工程可利用的燃料种类较多，燃料可收集量不同，燃料的收集具有一定的季节性，且生物质燃料含水率的变化较大。为控制入炉燃烧的品质，保证机组安全稳定地运行，锅炉设计时燃料按以下原则进行组合：

设计燃料：50% 甘蔗叶（12% 水分）+20% 树皮（25% 水分）+30% 其他（25% 水分）。

校核燃料 1：70% 甘蔗叶（12% 水分）+15% 树皮（25% 水分）+15% 其他（25% 水分）。

校核燃料 2：70% 甘蔗叶（20% 水分）+15% 树皮（40% 水分）+15% 其他（40% 水分）。

注："其他"为除甘蔗叶和树皮外的可能燃用的当地农林业生产废弃物如树根、树干、树枝、蔗渣、稻草等及家具加工废料等的混合料。

（1）各种燃料折算后的品质分析资料见表 8-5。

表8-5   锅炉入炉燃料品质资料

序号	名　称	符号	单位	设计	校核1	校核2
1	收到基碳	C_{ar}	%	38.05	38.46	33.76
2	收到基氢	H_{ar}	%	4.66	4.69	4.12
3	收到基氧	O_{ar}	%	34.69	36.08	31.78
4	收到基氮	N_{ar}	%	1.37	1.80	1.63
5	收到基硫	S_{ar}	%	0.09	0.10	0.09
6	收到基灰分	A_{ar}	%	2.64	2.96	2.61
7	收到基水分	M_{ar}	%	18.50	15.90	26.00
8	收到基挥发分	V_{ar}	%	64.95	66.87	58.86
9	固定碳	FC_{ar}	—	13.90	14.27	12.53
10	收到基低位发热量	$Q_{net,ar}$	kJ/kg	12587	12396	10544

（2）点火油。该工程锅炉点火采用 0 号轻柴油。燃料油采用汽车运输。0 号轻柴油特性见表8-6。

表8-6   0 号 轻 柴 油 特 性 表

序号	项　目	单　位	指　标
1	硫含量	%	≤0.2
2	酸度（KOH）	mg/100mL	≤7
3	10%蒸余物残碳含量	%	≤0.3
4	灰分	%	≤0.01
5	水分	%	—
6	机械杂质	%	—
7	十六烷值	—	≥45
8	凝点	℃	≤0
9	冷凝点	℃	≤4
10	闪点（闭口）	℃	≤55
11	运动黏度（20℃）	mm²/s	3.0～8.0
12	低位发热量	MJ/kg	约41.9
13	密度	kg/m³	约830

8.3.2　技术要求

（1）参数、容量/能力。

（2）设备名称：布袋除尘器。

（3）数量：每台炉配置 1 台，该期工程共 2 台。

（4）型式：长袋低压脉冲袋式除尘器。

布袋除尘器为外滤式除尘、在线清灰、在线检修，并配置有内置式旁路烟道，除尘器入口烟道上设计喷粉和喷雾系统。

（5）布置方式：水平进风，水平出风。

（6）安装地点：室外露天。

（7）灰斗下法兰标高：3.5m（暂定）。

（8）除尘器入口烟气参数见表 8-7。

表 8-7　　　　　　　　　　　　除尘器入口烟气参数

序号	参数名称	单位	设计燃料 BMCR 工况	校核燃料 1 BMCR 工况	校核燃料 2 BMCR 工况
1	标准状态干烟气量	m³/h	232134	236198	243624
2	标准状态湿烟气量	m³/h	273271	276566	293837
3	烟气温度	℃	140	140	144
4	湿烟气量	m³/h	413410	418395	448828
5	过量空气系数 α	—	1.40	1.40	1.40
6	飞灰流量	kg/h	1534	1704	1753
7	标准状态含尘浓度（干烟气，6%O_2）	g/m³	6.608	7.213	7.195
8	含尘浓度（湿烟气）	g/m³	3.711	4.073	3.906
9	二氧化硫流量	kg/h	13.70	13.94	14.37
10	标准氮氧化物含量	mg/m³	150	150	150
11	水蒸气流量	kg/h	33057	32439	40350
12	含湿量	g/kg	102.6	98.8	119.4
13	水露点	℃	53.0	52.0	55.5
14	酸露点	℃	89.7	91.0	95.1

除尘器设计时，设计烟气量、温度分别按表中设计燃料 BMCR 工况另加 10%、10℃裕量，即烟气量为 465762m³/h，烟气温度为 150℃。

（9）保证除尘效率：≥99.5%，且保证除尘器出口含尘浓度（标准状态）：≤30mg/m³；保证效率下的电耗（每台布袋除尘器）：30kW。

（10）本体阻力：≤1400Pa；布袋寿命终期阻力：≤1500Pa。

（11）本体漏风率：<2%。

（12）年运行小时数：8000h。

（13）每台除尘器灰斗数量：6个。

（14）每台除尘器进、出口数：进口1个、出口1个。

（15）除尘器清灰气源：接自压缩空气母管；压缩空气压力：0.4～0.8MPa。

（16）除尘器入口烟道尺寸：3000mm×2800mm；除尘器出口烟道尺寸：3000mm×2800mm。

（17）除尘器沿烟气方向柱距总长度：19.92m；除尘器宽度柱距总长度：9.9m。

（18）布袋寿命：≥4年；布袋更换：在线更换（不停机进行更换）。

（19）电磁脉冲阀寿命：≥4年；喷吹次数：≥100万次。

（20）整体设备设计寿命：≥30年。

8.4 采 用 文 件

GB/T 16157—1996《固定污染源排气中颗粒物测定与气态污染物采样方法》。

8.5 试 验 内 容

在烟囱进烟道上预留测孔测量烟气中二氧化硫浓度、氮氧化物浓度、烟气含氧量，采集烟气中的烟尘；计算烟道排放废气中的标准状态下干烟气中的二氧化硫浓度、氮氧化物浓度和烟尘浓度。

（1）SO_2、主蒸汽压力 NO_x、O_2 检测。在烟囱进烟道上预留的采样孔进行烟气采集，并通过聚四氟乙烯管联通烟气测试仪，进行烟气测试，并同步测试烟道烟气含氧量，试验期间每隔一分钟读取一个平均数据，10个数据为一组，共读取1组数据。

（2）烟尘检测。在烟囱进烟道上预留采样孔进行烟尘采集。此次试验采用动压平衡烟尘测试仪等速采样，尘粒由采样管中玻璃纤维滤筒收集，滤筒在采样前后均放入烘箱在110℃下恒温 2h 后称重，得到尘重；同步测量烟气流速、烟温、烟气含湿量。试验采样两次。

8.6　试　验　测　点

根据 GB/T 16157—1996《固定污染源排气中颗粒物测定与气态污染物采样方法》的要求，在烟道上预留的测孔位置上按等截面法布置采样点。为使采集的样品在整个测量断面上具有代表性，测点位置的布置应尽量选在垂直烟道或长直的水平烟道上，同时也应考虑采样位置的方便性和安全性。根据现场实地调查，将测试污染物排放情况的测点位置及测孔数布置如下：

测点位置选在进入烟囱的水平烟道上预留的采样孔，1 条烟道各布置 4 个测孔，每个测孔各安排 4 个测点。

（1）试验测点位置图。试验测点位置示意图如图 8-1 所示。

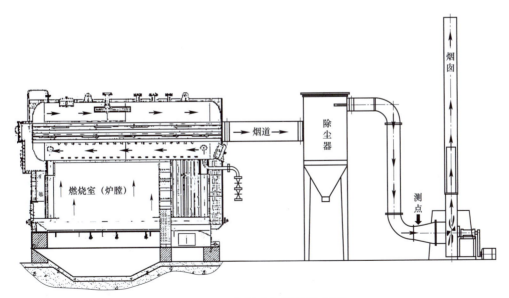

图 8-1　试验测点位置示意图

（2）测试烟道截面图。烟道截面测点布置图如图 8-2 所示。

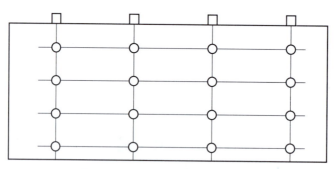

图 8-2　烟道截面测点布置图

8.7　试　验　条　件

试验期间天气情况见表 8-8。

表 8-8　　　　　　　　　　天　气　情　况

日期	大气压（kPa）	温度（℃）
2012 年 11 月 29 日	101.1	23

8.8　试验方法和计算公式

（1）测试所需试验方法。测试方法见表 8-9。

表 8-9　　　　　　　　　　测　试　方　法

项　目	测　试　方　法
氧	电化学法
二氧化硫	红外法
氮氧化物	红外法
烟尘浓度	重量法

（2）主要计算公式。采样体积的计算：

$$V_{snd} = 0.0027 V_m \times (B_a + p_r)/(273 + t_r) \tag{8-1}$$

式中　V_{snd} ——标准状态下的干燥烟气采样体积，L；

　　　V_m ——实际工况下的干燥烟气采样体积，L；

　　　B_a ——当地大气压力，Pa；

　　　p_r ——流量计前烟气压力，Pa；

　　　t_r ——流量计前烟气温度，℃。

烟气含尘浓度计算：

$$C = m \times 10^3 / V_{snd} \qquad\qquad (8-2)$$
$$m = m_2 - m_1$$

式中　C ——标准状态下干燥烟气的含尘浓度，mg/m³；

　　　m ——所采得的粉尘量，mg；

　　　m_1 ——采样前滤筒质量；

　　　m_2 ——采样后滤筒质量，mg。

折算成过量空气系数为 1.4 时的烟尘浓度：

$$C' = C \times \alpha / 1.4 \qquad\qquad (8-3)$$

式中　α ——过量空气系数。

8.9　测 试 仪 器

测试仪器见表 8-10。

表 8-10　　　　　　　　　　　测 试 仪 器

仪器名称	型号	编号	检定日期
烟气分析仪	SICK MTK S710	715253	2012 年 8 月 23 日
O₂ 标准气体（体积百分含量）	6.02 %	—	—
NO 标准气体	997mg/m³	—	—
SO₂ 标准气体	101mg/m³	—	—
SO₂ 标准气体	2400mg/m³	—	—
高纯氮	99.999% N₂	—	—
烟气采样枪	加热 120～200℃	—	—
烟尘采样仪	3012H	A08370660	2012 年 2 月 7 日
聚四氟乙烯管	6mm	100m	—

8.10　测　试　结　果

测试结果见表 8-11。

表 8-11　　　　　　　　　　测　试　结　果

项目测试位置	11月29日 11:00～12:30	氧量（%）	SO₂（mg/m³，标准状态，6% O₂）	NOₓ（mg/m³，标准状态，6% O₂）	烟尘浓度（mg/m³，标准状态，6% O₂）
烟囱	1	5.529	33.28	280.73	26.59
	2	—	—	—	21.29

广东粤电湛江生物质发电有限公司 1 号机组布袋除尘器试验结果见表 8-12。

表 8-12　　　　广东粤电湛江生物质发电有限公司 1 号机组布袋
除尘器试验结果表

项　目	单　位	1 号锅炉布袋除尘器	
		出口 1 侧	出口 2 侧
整炉除尘效率	%	99.69	
标准状况下烟气流量	m³/h	116410	114784
标准状况下总烟气量	m³/h	231194	
标准状况下除尘器出口烟尘浓度（过氧系数为 1.4）	mg/m³	26.59	21.29
除尘器漏风率	%	1.29	
除尘器本体压力降	Pa	640	

8.11　结　　论

（1）此次测试二氧化硫排放浓度为 33.28mg/m³（标准状态），达到 DB 44/612—2009《火电厂大气污染物排放标准》中第二时段排放浓度小于 400mg/m³（标准状态）的要求。

（2）此次测试氮氧化物排放浓度为 280.73mg/m³（标准状态）。

（3）此次测试烟尘浓度分别为 26.69（标准状态）、21.29mg/m³（标准状态），两次平衡采样平均值为 23.94mg/m³（标准状态）。

（4）广东粤电湛江生物质发电有限公司 1 号锅炉布袋除尘器的除尘效率为 99.69%，除尘效率满足大于或等于 99.5%的保证要求。

（5）广东粤电湛江生物质发电有限公司 1 号锅炉布袋除尘器的漏风率为 1.29%，满足小于 2%的性能要求。

（6）广东粤电湛江生物质发电有限公司 1 号锅炉布袋除尘器的压力降为 640Pa，满足压力降小于或等于 1400Pa 的性能要求。

（7）广东粤电湛江生物质发电有限公司 1 号锅炉布袋除尘器烟尘排放浓度分别为 26.59（标准状态）、21.29mg/m³（标准状态），烟尘浓度平均值为 23.94mg/m³（标准状态），满足小于或等于 30mg/m³（标准状态）的性能要求。

参 考 文 献

[1] 胡南，谭雪梅，刘世杰．循环流化床生物质直燃发电技术研究进展［J］．洁净煤技术，2022，28（3）：33－40．

[2] WANG H，ZHENG ZM，GUO S，et al. Investigation of the initial stage of ash deposition during oxy-fuel combustion in a bench-scale fluidized bed combustion with limestone addition［J］．Energy and fluels，2014，28（6）：3623－3631．

[3] MVLLER M，WOLF K，SMEDA A，et al. Release of K，CL and S species during co-combustion of coal and stram［J］．Energy and Fuels，2006，20（4）：1444－1449．

[4] 刘志，雷秀坚，汪佩宁，等．循环流化床锅炉生物质与煤混烧积灰腐蚀试验［J］．热力发电，2015（7）：50－54．

[5] 张东旺，史鉴，杨海瑞．碳定价背景下生物质发电前景分析［J］．洁净煤技术，2022，28（3）：23－31．

[6] 杨卧龙，倪煜，雷鸿．燃煤电站生物质直接耦合燃烧发电技术研究综述［J］．洁净煤技术，2023，28（3）：23－31．

[7] 谭增强，牛国平，王一坤．生物质直燃发电大气污染物超低排放技术路线分析［J］．热力发电，2021，50（10）：102－107．

[8] 柯希玮，吕俊复，郭学茂，等．高参数生物质循环流化床锅炉技术研发与应用［J］．热力发电，2022，51（6）：1－7．

[9] 骆仲泱，陈晨，余春江，等．生物质直燃发电锅炉受热面沉积和高温腐蚀研究进展［J］．燃烧科学与技术，2014，20（3）：189－198．

[10] 王一坤，徐晓光，王栩．燃煤机组多源耦合发电技术及应用现状［J］．热力发电，2022，51（1）：60－68．

[11] 李定青，李德波．220t/h 生物质循环流化床锅炉燃烧优化改造［J］．发电设备，2021，35（4）：272－277．

[12] 王鹏，李定青．50MW 生物质循环流化床锅炉燃烧优化调整试验研究［J］．工业锅炉，2021：49．

[13] 李定青，李德波，董启盛．50MW 纯凝生物质机组供热改造方案［J］．山东电力技术，2021：49，

60－64.

［14］费芳芳，毕武林，陈洪世. 生物质锅炉添加剂抗结焦性能试验研究［J］. 工艺与技术，2019，97－99.

［15］毕武林，费芳芳. 50MW 循环流化床生物质锅炉自固硫特性研究［J］. 能源与环境，2018，3：60－63.

［16］陈伟，毕武林，李德波. 生物质锅炉炉渣热量回收系统研究及工程应用［J］. 广东电力，2017，30（11）：13－16.

［17］陈洪世. 大型生物质循环流化床锅炉炉渣排放及热量回收系统研究及应用［J］. 装备应用与研究，2017，30（11）：13－16.

［18］费芳芳，毕武林. 生物质直燃发电锅炉 NO_x 排放特性与调整试验［J］. 广东电力，2015，28（8）：16－18.

［19］彭艳，何荣，何风生，沿海生物质发电锅炉空气预热器低温腐蚀［J］. 广东电力，2013，26（7）：90－92.

［20］何荣，余春江，陈洪世. 生物质循环流化床燃烧飞灰特性分析［J］. 广东电力，2013，26（7）：36－38.

［21］周义，张守玉，郎森，等. 煤粉炉掺烧生物质发电技术研究进展［J］. 洁净煤技术，2022，28（6）：27－34.

［22］郭慧娜，吴玉新，王学斌. 燃煤机组耦合农林生物质发电技术现状及展望［J］. 洁净煤技术，2022，28（3）：12－22.

［23］毛健雄，郭慧娜，吴玉新. 中国煤电低碳转型之路——国外生物质发电政策/技术综述及启示［J］. 洁净煤技术，2022，28（3）：1－11.

［24］魏咏梅，罗珍珍，徐婕琼. 政府补贴对于生物质直燃发电供应链的影响研究［J］. 现代电力，2020，37（6）：639－645.

［25］王久臣，戴林，田宜水，等. 中国生物质能产业发展现状及趋势分析［J］. 农业工程学报，2007（9）：276－282.

［26］林伟刚，宋文立. 丹麦生物质发电的现状和研究发展趋势（英文）［J］. 燃料化学学报，2005（6）：650－655.

［27］JONSSON J M，JAKOBSEN J G，FRANDSEN F J. Release of KCl and S during pyrolysis and combustion of high-chlorine biomass［J］. Energy Fuels，2011，25（11）：4961－4971.

［28］刘博，陈晓平，梁财，等. 生物质直燃锅炉过热器管材的高温腐蚀动力学特性［J］. 东南大学学报（自然科学版），2018，48（1）：78－83.

［29］ 黄芳. 秸秆燃烧过程中受热面沉积腐蚀问题研究［D］. 杭州：浙江大学，2013.

［30］ 龚彬. 生物质锅炉受热面沉积机理与腐蚀特性研究［D］. 杭州：浙江大学，2015.

［31］ 印佳敏，吴占松. 生物质锅炉过热器高温腐蚀研究［J］. 广东电力，2010，23（7）：31－34.

［32］ 余春江，王准，龚彬，等. 生物质锅炉钢材在氯化钾接触条件下腐蚀特性［J］. 浙江大学学报，2014，48（11）：2046－2052.

［33］ 王振宇，曹义杰，张子梅，等. 生物质锅炉高温过热器腐蚀原因分析及对策［J］. 浙江电力，2016，35（9）：53－56.

［34］ 印佳敏，吴占松，等. TP347H 在生物质锅炉过热器气相条件下的腐蚀特性（I）［J］. 热力发电，2009，38（7）：27－31，35.

［35］ LEHMUSTO J，B.－SKRIFVARS J，YRJAS P，et al. High temperature oxidation of metallic chromium exposed to eight different metal chlorides［J］. Thermal Power Gemeration，Corrosion Science, 2009, 35 (7): 27－31, 35.

［36］ FRA NDSEN F，DAM-JOHANSEN K，et al. Deposition and high temperature corrosion in a 10 MW straw fired boiler ［J］. Fuel Processing Technology，1998，54（1－3）：95－108.

［37］ NIELSEN H P，FRANDSEN F J，DAM-JOHANSEN K，et al. Theim plications of chlorine-associa ted corrosion on the operation of biomass-fired boilers ［J］. Progress in Energy and Combustion Science，2000，26（3）：283－298.

［38］ 李庆，宋军政，聂志钢. 130t/h 燃生物质锅炉过热器管子腐蚀原因分析［J］. 发电设备，2009（3）：214－218.

［39］ CHEN Y K，LIN C H，WANG W C. The conversion of biomass into renewable jet fuel ［J］. Energy，2020，201.

［40］ 张中波，田宜水，侯书林，等. 生物质颗粒燃料储藏理化特性变化规律［J］. 农业工程学报，2013，29（S1）：223－229.

［41］ 刘建辉，谢祖琪，姚金霞，等. 农作物秸秆在遮雨通风条件下的储存研究［J］. 西南农业学报，2012，25（5）：1889－1894.

［42］ 田宜水，徐亚云，侯书林，等. 储存方式对生物质燃料玉米秸秆储存特性的影响 ［J］. 农业工程学报，2015，31（09）：223－229.

［43］ 苏俊林，矫振伟，王翰平. 生物质颗粒燃料灰行为研究进展 ［J］. 节能技术，2012，30（2）：173－175.

[44] 霍丽丽, 田宜水, 赵立欣, 等. 生物质原料持续供应条件下理化特性研究 [J]. 农业机械学报, 2012, 43 (12): 107 - 113.

[45] 杨佩旋. 湛江地区生物质直燃发电相关问题分析 [J]. 广东电力, 2011, 24 (07): 90 - 93.

[46] 廖艳芬, 曾成才, 马晓茜, 等. 中国南方典型生物质热解及燃烧特性热重分析 [J]. 华南理工大学学报 (自然科学版), 2013, 41 (8): 1 - 8, 145.

[47] 黎林村. 纯凝机组工业供热改造设计 [J]. 南方能源建设, 2015, 2 (1): 62 - 65.

[48] 国务院. 国务院关于印发打赢蓝天保卫战三年行动计划的通知 [EB/OL]. [2018 - 07 - 03]. http://www.gov.cn/zhengce/content/2018 - 07/03/content_5303158.htm.

[49] 唐清舟, 刘春. 纯冷凝机组供热改造可行性分析 [J]. 东方汽轮机, 2010 (3): 1 - 6.

[50] 王智刚. 660MW 超临界直接空冷机组供热改造可行性研究 [J]. 东北电力技术, 2015, 36 (12): 20 - 22.

[51] 王阳. 660MW 亚临界纯凝机组供热改造分析 [J]. 集成电路应用, 2021, 38 (2): 140 - 141.

[52] 王勇, 叶军, 林琳, 等. 基于工业供汽的给水泵背压式汽轮机驱动方案热经济性分析 [J]. 热力发电, 2018, 47 (10): 103 - 107.

[53] 李霞. 小型凝汽式电厂供热改造的探讨 [J]. 内蒙古科技与经济, 2007, (8): 89, 91.

[54] 彭献永, 唐兆芳, 葛斌. 凝汽式汽轮机供热改造中汽缸开孔处应力的研究与分析 [J]. 汽轮机技术, 2006, (5): 27 - 30.

[55] 刘志崇. 凝汽式小汽轮机打孔抽汽改造应用 [C] // 全国电站辅机及汽轮机热力系统节能降耗技术论坛. 中国电机工程学会, 2011.

[56] 金炳会. 汽轮机中压缸壁开孔工艺 [J]. 吉林电力, 1992, (4): 39 - 40.

[57] 林闽城. 300MW 纯凝机组供热改造技术可行性分析 [J]. 浙江电力, 2010, 29 (3): 40 - 43.

[58] 方旭, 彭雪风, 张凯, 等. 燃煤热电联产系统冷端余能供热改造研究进展 [J]. 华电技术, 2021, 43 (03): 48 - 56.

[59] 商永强. 供热改造中能源梯级利用技术研究 [J]. 华电技术, 2017, 39 (5): 74 - 76.

[60] 侯博. 中小型煤电机组低压缸零功率供热改造技术应用分析 [J]. 华电技术, 2020, 42 (12): 60 - 66.

[61] 刘帅, 郑立军, 俞聪, 等. 200MW 机组切除低压缸进汽供热改造技术分析 [J]. 华电技术, 2020, 42 (6): 76 - 82.

[62] 庞毅, 赵鑫. 亚临界汽包炉给水, 炉水优化处理运行分析 [C] // 中国电机工程学会电厂化学 2013

学术年会. 中国电机工程学会，2013.

[63] 龚晓晓. S109FA 联合循环机组余热锅炉对外供热改造 [J]. 电力安全技术，2016，18（10）：48－51.

[64] 郑之民. 引射汇流供热方式的经济性分析 [J]. 山东电力技术，2020，47（12）：77－80.

[65] 张迎喜. 660 MW 超超临界汽轮机启动过程胀差偏大原因分析 [J]. 山东电力技术，2021，48（6）：68－71.

[66] 俞明芳，侯力. 锅炉给水停加联氨处理的探索 [J]. 浙江电力，2004（1）：54－56.